ジェットエンジン

中村佳朗 監修／鈴木弘一 著

森北出版

● 本書のサポート情報を当社Webサイトに掲載する場合があります．
下記のURLにアクセスし，サポートの案内をご覧ください．

https://www.morikita.co.jp/support/

● 本書の内容に関するご質問は，森北出版 出版部「(書名を明記)」係宛
に書面にて，もしくは下記のe-mailアドレスまでお願いします．なお，
電話でのご質問には応じかねますので，あらかじめご了承ください．

editor@morikita.co.jp

● 本書により得られた情報の使用から生じるいかなる損害についても，
当社および本書の著者は責任を負わないものとします．

■ 本書に記載している製品名，商標および登録商標は，各権利者に帰属
します．

■ 本書を無断で複写複製（電子化を含む）することは，著作権法上での
例外を除き，禁じられています．複写される場合は，そのつど事前に
(一社)出版者著作権管理機構（電話03-5244-5088, FAX03-5244-5089,
e-mail：info@jcopy.or.jp）の許諾を得てください．また本書を代行業者
等の第三者に依頼してスキャンやデジタル化することは，たとえ個人や
家庭内での利用であっても一切認められておりません．

はじめに

　ジェットエンジンについて，大学において講義してみて感じたことを1, 2述べてみたい．まず，ジェットエンジンのような，基礎科目に属さない一つの機械システムの取扱いはどのようにすべきか，大学自身が迷っているように思う．それはジェットエンジンに限らず，ロケットエンジンとかピストンエンジンとか，それ自身一つの機械システムとして独立している科目に共通の悩みと考える．このようなシステムは，熱力学，流体力学，伝熱工学，振動工学などの基礎の理解のうえに，はじめて十全の理解が得られるわけであるが，多くの大学では，それらの基礎科目を履修した後にこのような機械システムの講義を受講できるようになっていない．総合科目を学んで3年生から専門コースに入ってくる学生に対し，十分な専門基礎が身につくまで待てないため，たいていは3年の後期か4年の前期にこのような講義がはじまってしまうのが現状である．工学基礎の十分でない学生に，ジェットエンジンについてどのような教え方をすべきか？

　もう一つの悩みは，学生のほとんどが卒業後，必ずしもジェットエンジン関連の職業につくわけではなく，ついたとしても設計・開発の部門に配属されるのがほんの一握りの者に限られるということである．そのような学生に対し，このような機械システムの詳細をどのように教え，どのように意義づけるか？

　そこで本書は，工学基礎が十分でない学生でも理解できるように，また将来必ずしもジェットエンジン関連の仕事につかない学生にも役立つよう心がけて執筆した．内容としては，ジェットエンジンの基礎概念と，設計の手がかりを与えている．設計の詳細は，大学院や企業においてさらに研究を積んで把握してもらうことになる．とくに，現在，コンピュータにより実施されている各コンポーネントの設計にはふれることができなかった．本書の性格上やむを得ないと考える．将来ジェットエンジン関連の職業につくことのない学生に対して

も，機械のなかで起こっている物理現象を正しく把握できるよう，懇切丁寧に説明しているつもりである．それがジェットエンジン以外の機械に幅広く応用可能であり，工学者として世にある限り，将来，必ず役に立つと確信する．

第1章においては，ジェットエンジンの歴史的なデビューにふれ，いままでのピストンエンジンとの隔絶した性能が航空界に与えた衝撃について述べ，ジェットエンジンに対する興味の導入部とする．第2章において，空気力学の基礎を学んだ後，第3章においては，主要コンポーネントとその効率の考え方について述べる．第4章では，エンジンサイクル論およびジェットエンジン推力の求め方を，第5章においては，圧縮機，タービンなどの主要コンポーネントの空力設計について詳述している．第6章では，ジェットエンジン全体の運転および安定性について論じている．

以上がジェットエンジンの主要部であるが，第7章，第8章は補足的に考えられてもかまわない．第7章においては，ジェットエンジンの性能の変遷をかえりみたうえで，現用の最先端エンジンの諸元を論じている．第1章の初期のエンジンと比較して，その進歩に瞠目(どうもく)するであろう．第8章において，ラムジェットエンジンなどの将来型エンジンの技術的ポイントを紹介している．

本書では，ガスタービンについては関連する部分でふれているのみであり，あくまで航空機用ジェットエンジンが主体である．また，エンジン構造については，著者の得意とする分野ではなく，かつ本書のボリュームを超えるため，割愛した．

本書の執筆に当たり，名古屋大学中村佳朗先生の数々の助言と懇切なる監修を得ることができた．わが国航空宇宙工業の中心地で長く教鞭を取られている先生のご指導をいただいたことは，著者の望外の喜びであり，深く感謝申しあげます．また森北出版の大橋貞夫氏，塚田真弓氏には終始多大の助力を賜りました．深く感謝申しあげます．

学生の求めに応じて，このような本をつくってみたが，もとより著者の不勉強にもとづく誤解が多々あると思われるので，読者各位の率直なご意見をお寄せいただければ幸甚である．

2004年 盛夏

鈴木弘一

目　　次

第1章　ジェットエンジンの誕生 ……………………………………… 1
 1.1　歴史的考察 …………………………………………………… 1
 1.2　ジェットエンジンの作動原理 ………………………………… 6
 1.3　ジェットエンジンの分類 ……………………………………… 8
  （1）　基本ジェットエンジン …………………………………… 8
  （2）　ジェット推進機関の分類 ………………………………… 10
 参 考 文 献 ………………………………………………………… 11

第2章　空気力学 …………………………………………………… 12
 2.1　ガスの性質 …………………………………………………… 12
 2.2　圧縮性流体力学 ……………………………………………… 13
  （1）　熱 と 仕 事 ………………………………………………… 14
  （2）　内部エネルギー …………………………………………… 14
  （3）　全熱エネルギー（エンタルピー） ………………………… 14
  （4）　比　　　熱 ………………………………………………… 15
  （5）　状態方程式 ………………………………………………… 16
  （6）　等 温 変 化 ………………………………………………… 16
  （7）　断 熱 変 化 ………………………………………………… 16
  （8）　エネルギー方程式 ………………………………………… 16
  （9）　全温，静温 ………………………………………………… 18
  （10）　音　　　速 ………………………………………………… 19
  （11）　マッハ数 …………………………………………………… 19
  （12）　非粘性ガスの管内の流れ ………………………………… 20

（13）	ファノ (Fanno) 方程式 (単位面積当たりの流量) ………………	21
（14）	縮 小 管 ………………………………………………………………	21
（15）	縮小拡大管 (ラバールノズル) …………………………………	23
（16）	断面積とマッハ数 …………………………………………………	24

2.3　等エントロピー変化 ……………………………………………… 25
2.4　等エントロピー変化の計算 ……………………………………… 27
　　（1）　チャートによる方法 …………………………………………… 27
　　（2）　比熱一定とする近似計算 …………………………………… 27

第3章　ジェットエンジン要素の性能 …………………………… 31

3.1　圧縮機の仕事と効率 ……………………………………………… 31
3.2　タービンの仕事と効率 …………………………………………… 34
3.3　燃焼器における温度上昇と効率 ………………………………… 37
3.4　ノズルと速度係数 ………………………………………………… 39

第4章　エンジンサイクル ……………………………………………… 44

4.1　ブレイトンサイクル ……………………………………………… 44
4.2　圧縮機，タービン効率の影響 …………………………………… 47
4.3　他の圧力損失の影響 ……………………………………………… 49
4.4　ガスタービンの基本性能 ………………………………………… 50
4.5　ジェットエンジンの推力 ………………………………………… 55
　　（1）　推 進 仕 事 ………………………………………………………… 57
　　（2）　ジェットエンジンがつくるエネルギー ……………………… 57
　　（3）　推 進 効 率 ………………………………………………………… 58
　　（4）　エンジン熱効率 ………………………………………………… 58
　　（5）　燃料消費率 ……………………………………………………… 59
　　（6）　全　効　率 ……………………………………………………… 59
4.6　ジェットエンジンの基本性能 …………………………………… 60
　　（1）　空気の取入れ口における全温，全圧の上昇 ……………… 60
　　（2）　ターボジェットエンジンの性能計算 ………………………… 61

4.7	ターボファンの性能	65

第5章　ジェットエンジン要素の空力設計　　70

5.1	空気取り入れ口（インテーク）の空気力学	70
（1）	インテークの種類	70
（2）	全圧損失	72
5.2	軸流圧縮機の空気力学	73
（1）	オイラーの方程式	74
（2）	半径平衡流れ	76
（3）	循環一定の段	77
（4）	剛体回転型の段	84
（5）	亜音速翼列	85
（6）	超音速翼列	88
（7）	非二次元流れ	89
5.3	遠心圧縮機の空気力学	90
（1）	遠心圧縮機の圧縮の原理	90
（2）	遠心圧縮機の所要動力	92
5.4	タービンの空気力学	93
（1）	タービン段の速度三角形	93
（2）	ガスの膨張過程における $i\text{-}s$ 表示	95
（3）	タービンの分類	96
（4）	軸流タービン，半径流タービン	97
（5）	単段タービン，多段タービン	98
（6）	ノズルにおけるガス流れ	99
（7）	動翼においてガスのなす仕事	100
（8）	タービン段の基本パラメータ	102
（9）	長い翼を持つタービンの半径方向のパラメータの変化	103
（10）	循環一定の段	104
（11）	タービン効率	109
（12）	翼列の流出角	112

5.5 燃　焼　器 ……………………………………………………… 113
　　（1）　燃焼器における熱の釣り合い ……………………… 113
　　（2）　燃焼の特性 …………………………………………… 116
　　（3）　燃焼負荷率 …………………………………………… 116
　　（4）　再燃焼器 (アフターバーナー) …………………… 117
参　考　文　献 ……………………………………………………… 123

第6章　全体システムおよび運転 …………………………… 125
6.1　圧縮機の空力特性 ………………………………………… 125
6.2　翼列失速 (旋回失速) …………………………………… 127
6.3　サージング ………………………………………………… 128
6.4　運　転　曲　線 …………………………………………… 131
6.5　修　正　性　能 …………………………………………… 132
参　考　文　献 ……………………………………………………… 135

第7章　ジェットエンジンの実際 …………………………… 136
7.1　最近のジェットエンジンの発達動向 …………………… 136
7.2　現用ジェットエンジン各論 ……………………………… 142
参　考　文　献 ……………………………………………………… 150

第8章　将来型エンジン ……………………………………… 151
8.1　ラムジェットエンジン …………………………………… 153
　　（1）　ラムジェットエンジンのサイクル ………………… 153
　　（2）　ラムジェットエンジンの性能 ……………………… 155
8.2　超音速燃焼ラムジェット ………………………………… 158
　　（1）　スクラムジェットエンジンの構造 ………………… 158
　　（2）　超音速空気取り入れ口 ……………………………… 159
　　（3）　高速気流中における加熱 …………………………… 161
　　（4）　スクラムジェットエンジンの性能 ………………… 163
8.3　エアターボラムエンジン ………………………………… 164
　　（1）　エアターボラムエンジンの性能 …………………… 165

8.4　エアブリージングエンジンの組合せ …………………………………… 169
参 考 文 献 …………………………………………………………………… 173
索　　引 ……………………………………………………………………… 175

おもな記号表

英　　字			
A	: 断面積 (m^2)	M'	: 分子量
a	: 音速 (m/s)	M	: マッハ数
	流路幅 (m)	m	: 質量 (kg)
B	: ボス比	$\dot{m}$	: 質量流量 (kg/s)
	遷移応答パラメータ	N	: 回転数 (rpm)
c	: 絶対速度 (m/s)	P	: 仕事率 (Nm/s)
	コード長さ (m)		圧力 (MPa)
	比熱 (kJ/kgK)	p	: 圧力 (MPa)
c_p	: 定圧比熱 (kJ/kgK)	Q	: 熱量 (J)
c_v	: 定積比熱 (kJ/kgK)		体積流量 (m^3/s)
D	: 拡散係数	q	: 熱量 (J/kg)
d	: ブロック幅 (m)		流線方向の速度 (m/s)
e	: 内部エネルギー (J/kg)		燃焼負荷率 (J/m^3)
F	: 推力 (N)	R	: ガス定数 (J/kgK)
f	: 燃空比	r	: 圧力比
g	: 重力加速度 (m/s^2)		半径 (m)
H	: 流路幅 (m)	s	: エントロピー (J/kgK)
h	: 低発熱量 (kJ/kg)		翼間隔 (m)
I	: 全エンタルピー (J/kg)	T	: トルク (Nm)
	比推力 (s)		温度 (K)
i	: エンタルピー (J/kg)	t	: 温度 (静温)(K)
k	: 比熱比		ピッチ (m)
J	: 熱の仕事当量 (kgfm/kcal)	u	: 流線方向の流速 (m/s)
L	: 段の仕事 (Nm/kg)		圧縮機内の r 方向速度 (m/s)
	再循環領域の最大長さ (m)		回転機械の周速 (m/s)
L_e	: 再循環領域の長さ (m)	v	: 圧縮機内の周方向速度 (m/s)
			一次元流れの流速 (m/s)

	比容積 (m³/kg)	η_p	: 推進効率
	体積 (m³)	η_0	: 全効率
w	: 圧縮機内の軸方向速度 (m/s)	η_f	: ファン効率
	相対速度 (m/s)	η_{mb}	: ブレード効率
W	: 仕事率 (J/s)	η_{ad}	: 断熱効率
	ウェーク幅 (m)	η_u	: 周辺効率
w	: 仕事 (Nm/kg)	η_k	: 運動エネルギー効率
z	: 位置 (m)	θ	: 等エントロピー圧縮温度比
			基準温度に対する温度比 (6章)
ギリシャ文字			全温の静温に対する比 (8章)
α	: 絶対流入出角	θ^*	: 運動量厚さ (m)
β	: バイパス比	λ	: 熱伝導率 (W/mK)
	: 相対流入出角	μ	: ひねり係数
γ	: 比重量 (kgf/m³)		粘性係数 (Pa·s)
δ	: 偏向角	ξ	: 計画熱降下に対する比
	基準圧力に対する圧力比 (6章)	π	: 圧力回復係数
	全圧の静圧に対する比 (8章)	ρ	: 密度 (kg/m³)
ε	: 圧力損失係数		反動度
η_c	: 圧縮機等エントロピー効率	σ	: ソリデティ
η_t	: タービン等エントロピー効率	τ	: 最高最低温度比
η_{ts}	: タービントータル		着火に必要な時間 (s)
	ツースタチック効率		全温比 (8章)
η_b	: 燃焼効率	φ	: ノズル速度係数
	翼車効率	ϕ	: 当量比
η_n	: ノズル効率	ψ	: 動翼速度係数
η_{th}	: 熱効率	ω	: 角速度 (rad/s)
η_m	: 機械効率	$\bar{\omega}_1$	: 損失係数

1 ジェットエンジンの誕生

　本書は，航空機の原動機としてのジェットエンジンを扱っている．ジェットエンジンは，第二次世界大戦の後半に，空気の"圧縮性の壁"にぶつかって伸び悩んでいたピストンエンジン機に革命をもたらすものとして，華々しくデビューした．プロペラを使用するピストンエンジン機は，プロペラ先端の周速が音速に近づくにつれて，プロペラブレード先端に発生する衝撃波の影響で，プロペラ効率が急速に低下するため，その機体速度が 700 km/h を超えた付近で足踏みを余儀なくされていた．プロペラを使用しないジェットエンジンの出現によって，機体速度は軽々と 800 km/h を超え，その後の驚異的な性能の向上は，航空機の世界を一変してしまった．第 1 章では，そのジェットエンジンの誕生にまつわる歴史的物語からはじめる．

1.1 歴史的考察

　ガスタービンと組み合わせたジェット推進を考えついたのは，イギリス人フランク・ホイットル (Frank Whittle) 氏で，1929 年のことである．かれは翌年早々の 1930 年 1 月 16 日付けで，このアイデアの特許を出願している．その内容を図 1.1 に示すが，現在のターボジェットエンジンと本質的に変わりはない．そして 1936 年，パワー・ジェット社 (PJ 社) が設立され，ホイットル氏は若干 29 歳で，技師長として地上試験型 W.U (Whittle Unit) の開発にあたっている．この開発において，燃焼，振動，騒音，燃料漏れ，回転部品と静止部品の接触事故などあらゆるトラブルに直面し，その一つ一つを解決していった．

　試作 W.U の実験中に，PJ 社はイギリス空軍から飛行試験用ジェットエンジンの開発契約を得，さっそく飛行試験用 W.1 型エンジン (図 1.2) の試作に取りかかった．その仕様を以下に示す．

1. ジェットエンジンの誕生

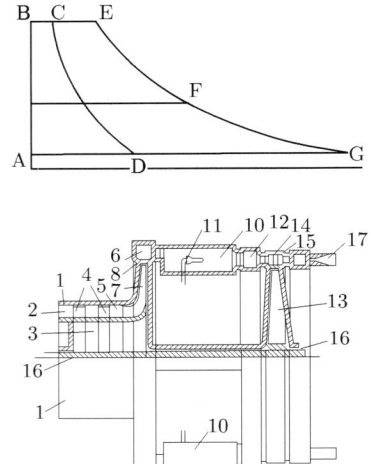

図 **1.1** ホイットル氏のジェットエンジン特許のスケッチ[1]

図 **1.2** W.1型エンジンとホイットル氏[2]

[**W.1**型エンジン仕様]

静止推力：	4.44 kN (5.51 kN)	燃焼器：	逆流缶(10本)型
サイクル圧力比：	4:1	タービン：	軸流単段
タービン入口温度：	不明	回転数：	17000 rpm(17750 rpm)

空気流量：	10.0 kg/s		
燃料消費率：	0.137 kg/N/h	重量：	236 kgf
圧縮機：	両側吸込み遠心単段		( ) 内は設計値.

　このW.1型エンジンが完成し，試験機グロスター E28/39 に搭載され，初飛行に成功したのは，1941年5月15日である．約20分間の初飛行では，エンジン回転数は16500 rpm までであったが，その後の試験で回転数は17000 rpm (静止推力 4.44 kN) まで上げている．このときの大気速度は，高度 6060 m で 592 km/h であった．構想から初飛行まで十有余年というのも驚かされるが，実はこのホイットルのエンジンが，史上初の飛行用エンジンではなかった．

　ジェットエンジンによる初飛行の栄誉は，ドイツのハンス・フォン・オハイン (Hans von Ohain) 博士を中心としたチームに輝いた．オハインはホイットルとはまったく独自にジェット推進の原理に到達し，1936年3月，ゲッチンゲン大学で行った燃焼実験の成果をもってハインケル社に入社した．オハイン24歳のときである．そして1939年春に，遠心圧縮機と遠心タービン (ラジアルタービン) を背中合わせにした簡単な構造をもつ，飛行用エンジン HeS3 型を完成させた．このエンジンの仕様を以下に示す．ホイットルのエンジンと比較すると，ほぼ同等の性能をもっていることがわかる．

[**HeS3B** 型エンジン仕様]

静止推力：	4.41 kN	圧縮機：	軸流単段＋遠心単段
サイクル圧力比：	2.8：1	燃焼器：	アニュラー型
タービン入口温度：	697°C	タービン：	遠心単段
空気流量：	12 kg/s	回転数：	11600 rpm
燃料消費率：	0.16 kg/N/h	重量：	360 kgf

　オハインのエンジンをつけた最初の実験機ハインケル He178 は，1939年8月27日に初飛行した．イギリスより2年先行したことになる．しかし，ドイツ空軍はジェット機の将来を見誤り，ハインケル機は無視され，この先行の2年間を無駄にしてしまう．

　ジェット機が実戦に投入されたのは，ドイツ，イギリスともほぼ同時期で1944年8月である．ドイツはメッサーシュミット Me262 (図 1.3) がまず爆撃機

図 **1.3** メッサーシュミット Me262 (酣燈社提供)

図 **1.4** グロースタ・ミーティア戦闘機 (酣燈社提供)

として，ついで1月後には戦闘機として実戦部隊に配属された．イギリスはグロースタ・ミーテア戦闘機 (図 1.4) が対 V–1 飛行爆弾の迎撃に参戦した．ミーテアは最高速度 770 km/h，上昇限度 12000 m であったのに対し，Me262 は最高速度 870 km/h，上昇限度 12000m という，時代に隔絶した高性能をもっていた．Me262 は単に世界初の実用ジェット機というだけでなく，驚異的な性能をもった傑作機であった．当時，これより速い戦闘機は連合軍には存在せず，

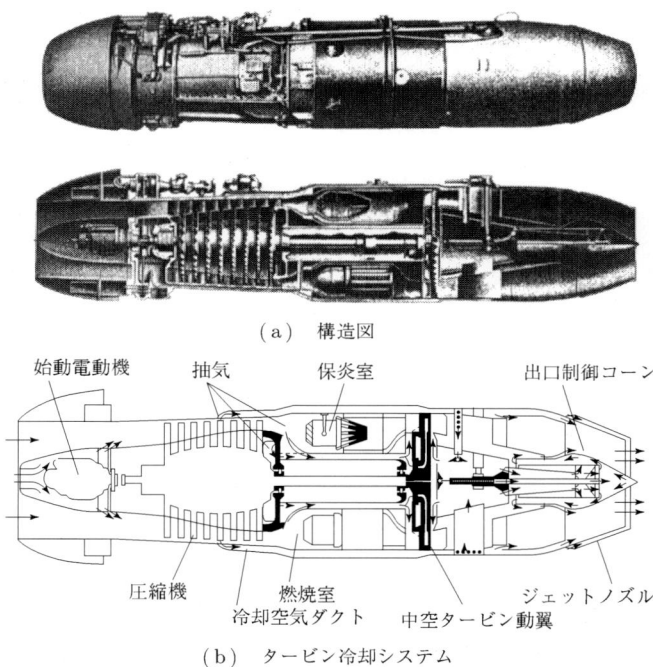

(a) 構造図

(b) タービン冷却システム

図 1.5 ユモ 004B 型エンジン[1]

旋回戦闘に持ち込まない限り，世界最強の戦闘機であったという．

この Me262 に搭載されたエンジンは，前述のオハインのエンジンとは異なって，アンセルム・フランツ (Anselm Franz) 博士らの開発したユンカース・ユモ 004B-1 であった．フランツらは，フォン・オハインやホイットルのエンジンと違い，前面面積の少ない多段軸流圧縮機を選んでいる．多段軸流圧縮機がその後のジェットエンジンの主流となったことを考えると，すぐれた選択であったといえる．エンジン仕様を以下に記す．

[ユンカース・ユモ 004B-1 型エンジン仕様]

静止推力：	8.91 kN	圧縮機：	軸流 8 段
サイクル圧力比：	3.14：1	燃焼器：	缶型 6 本
タービン入口温度：	775°C	タービン：	軸流単段
空気流量：	21.2 kg/s	回転数：	8700 rpm

燃料消費率： 0.14 kg/N/h　重量： 750 kgf

このエンジンの断面を図1.5に示す．初期故障，耐久性に問題があったとしても，中空の空冷タービン動翼の導入など当時としては機体同様，時代を抜いたエンジンであったことがわかる．

以上，ジェットエンジンの黎明期をみてきたわけであるが，戦時中とはいえ，これらのエンジンはいずれも20代そこそこの若いエンジニアらにより開発されたものである．ピストンエンジンの限界にぶつかっていた航空エンジンの世界に革命をもたらしたのは，実に若いエンジニアらの情熱だったのである．

1.2　ジェットエンジンの作動原理

ジェットエンジンの作動については，本書で詳しく述べることになるが，本節において，まずその作動原理について図1.6に基づいて簡単にふれる．

ジェットエンジンは空気を吸い込み，高圧に圧縮し，そこに燃料を吹込み燃焼させて高温・高圧のガスをつくり，タービンを駆動した後，そのガスを高速で噴射することにより推力を発生する原動機である．図1.6にジェットエンジンの初期のタイプであり，あらゆるジェットエンジンの基本形式であるターボジェットエンジンの構造の概要を示している．ジェットエンジンの基本要素と

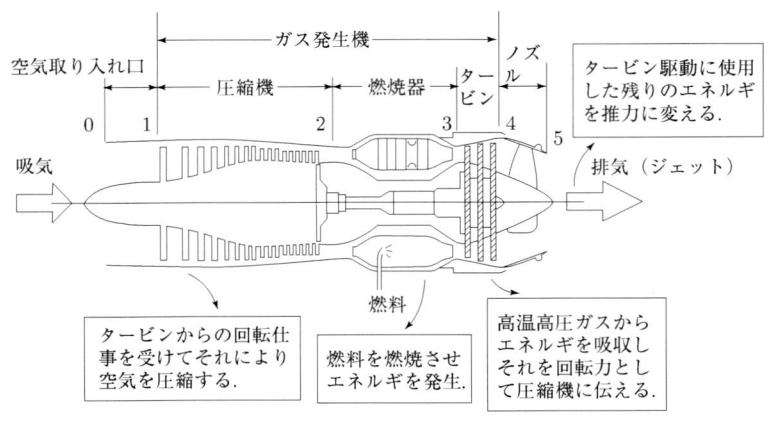

図 1.6　ターボジェットエンジン

しては，図に示すように空気取り入れ口，圧縮機，燃焼器，タービン，ノズルである．

　空気取入れ口から吸い込まれた空気は，圧縮機において機械的に圧縮される．図は軸流圧縮機の例であるが，圧縮機にはこの他に遠心式の圧縮機もある．軸流圧縮機のほうが図のように多段にできるため，最近のジェットエンジンには多用されている．圧縮比は，5〜25まで段数に応じて多彩に選択できる．最近のエンジンでは，30を超すものまで現れている．

　このように高圧になった後に，空気は燃焼器において吹き込まれた燃料と混合・燃焼する．このように高圧燃焼させることにより，高温・高圧のエネルギーの高いガスが得られる．この高温・高圧のガスを，タービンを通して膨張させることにより，タービン仕事が得られる．タービンで得られた仕事は，軸を通して圧縮機に伝達され，空気の圧縮に使用される．タービンの圧力レベルは圧縮機が稼いだ圧力であり，タービン出口では膨張して，圧縮機入口圧程度まで下がるので圧力にのみ注目していては，なぜ圧縮機が駆動できるのか理解できない．駆動力が生ずるのは，燃焼で得られる高温のおかげである．この高温ガスがタービンを駆動する余裕を与え，なお残りのエネルギーでガスを加速し，推力を発生させる．以上のエネルギー(仕事)のやりとりを，図1.6の囲みに記載している．

　図において，圧縮機，タービン，および両者を結ぶ軸(主軸)が可動部分である．これら稼動部分は，軸受けにより支えられており，図では省略されている．構造の詳細については，第7章において実機に基づいて説明する．空気取入れ口，燃焼器およびノズルが非可動部分である．エンジン外板はケーシングと称している．圧縮機およびタービンの可動翼の先端(チップ)とケーシングの間には，狭いながらもすきまがあり，その大小はエンジンの効率に影響する．燃料は，機械駆動される小型の燃料ポンプにより供給される．ポンプの駆動力は主軸から歯車により取り出される．

　ピストンエンジンでは燃焼が間欠的であり，連続型燃焼のジェットエンジンに比べてエンジン最高温度を高くとることができ，またサイクル圧力比も高くとれるため，理論熱効率も比出力(単位流量当りの出力)も，ともにピストンエンジンのほうが高い．しかし，ジェットエンジンは，前面面積当たりおよび重

量当たりの出力がけた違いに大きく，軍用機も民間機もほぼ完全にジェット化されている．

1.3 ジェットエンジンの分類

（1） 基本ジェットエンジン

ジェットエンジンの基本形式は，図 1.7 のように，圧縮機 (C)，燃焼器 (B)，タービン (T)，ノズル (N) から成り立つ．大気より空気を吸入し，圧縮機で空気を圧縮し，燃焼器にて燃料を吹き込み燃焼させ，得られた高温高圧のガスをタービンで膨張させた後，ノズルを通して大気中に放出して推力を得る．タービンで発生した動力により圧縮機を駆動する．図 1.7 に示す形式はターボジェットエンジンとよばれる．このなかまには，圧縮機の前にファンを置いたターボファンエンジンも含まれる．ファンも当然タービンにより駆動される．

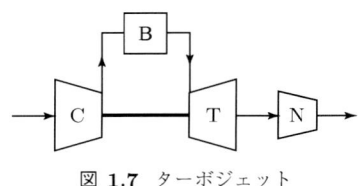

図 1.7 ターボジェット

圧縮機，燃焼器，タービンの組合せは，ノズル入口の高温・高圧ガスの発生装置，すなわちガスジェネレータ (gas generator) と考えられる．これよりこの圧縮機，燃焼器，タービンの部分をガスジェネレータ (ガス発生機) とよぶこともある．

図 1.8 はガスタービンの基本形式を表している．上記のジェットエンジンでは，タービンは単に圧縮機を駆動するだけであったが，ガスタービンでは，圧縮機を駆動する動力を差し引いた残りの動力で，発電機，プロペラなどの負荷 (L) を駆動する．航空機エンジンでは，ターボプロップエンジンがこれにあたる．

ガスタービンのなかには，動力の取り出しに，圧縮機駆動用と別のタービンを用いるフリータービン形式 (図 1.9) がある．この場合，タービンが高圧タービン (HT)，低圧タービン (LT) の二つに分割されている．高圧タービンで圧縮機を駆動することから，圧縮機，燃焼器，高圧タービン系がガスジェネレータ

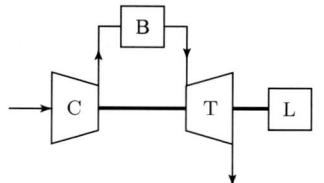

図 **1.8** ガスタービン (直結タービン方式)

となる．高圧タービン出口のガスは，低圧タービンで膨張し負荷を駆動する．負荷がガスジェネレータ軸と機械的に結合されていないので，フリータービン (free turbine) 方式という．航空機用では，ヘリコプターのローターを駆動するターボシャフトエンジンなどがこれにあたる．これに対して図 1.8 では，負荷が圧縮機，タービン軸と機械的に結合されているので，直結タービン方式とよばれる．

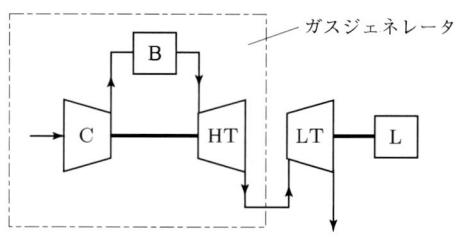

図 **1.9** ガスタービン (低圧フリータービン方式)

圧縮機，燃焼器，タービンのガスタービンの各要素に熱交換器を加えることにより，ガスタービンの性能を改良できる．図 1.10 はその一例で，タービン出口熱交換器 (E) を設けてある．タービンの排ガスは高温で，これをそのまま大気に放出するのは，熱エネルギー的に不経済であるので，図のように熱交換器を通して圧縮機出口空気を加熱する．燃焼器入口温度は，熱交換器で上昇するので燃焼器に供給する燃料が節約される．排ガスの廃熱を回収して利用するので，再生方式という．

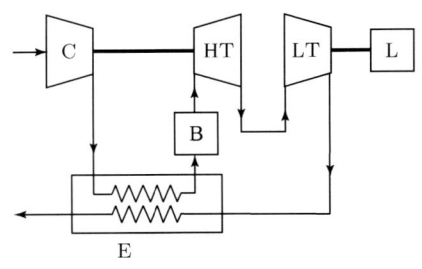

図 1.10 再生ガスタービン

（2） ジェット推進機関の分類

前項で述べたジェットエンジンを含めて，ジェット推進機関の分類を以下に示す．

ジェット推進機関は，空気を吸い込まずに作動できるロケットエンジンと，空気を吸い込むエアーブリージングエンジンに大別できる．エアーブリージングエンジンは回転機構をもたないラムジェットエンジンと，回転機構をもつガスタービンエンジンに分けられる．ガスタービンエンジンには，前項で述べたジェットエンジン，ターボプロップエンジンなどが含まれる．これを図1.11に示す．

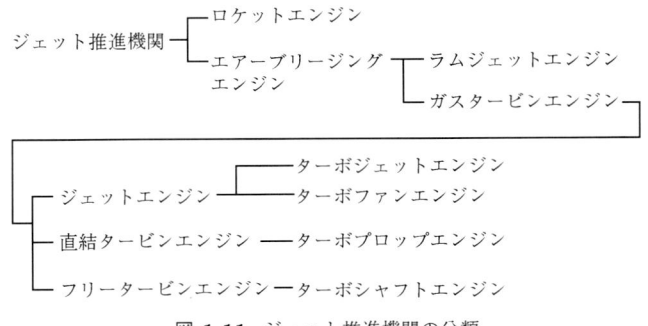

図 1.11 ジェット推進機関の分類

高速領域で作動するラムジェットエンジンは，回転する圧縮機がなく，したがってそれを駆動するタービンもないエンジンである．圧縮機がないにもかか

わらず，空気を圧縮できるのは，高速における空気の自己圧縮を利用できるためである．

参 考 文 献

[1] 吉中司，数式を使わないジェットエンジンのはなし，p.44，図 2-2，p.52，図 2-7，酣燈社，1990 年
[2] The Science Museum, London ホームページより作成

空気力学

　エアーブリージングエンジンの作動流体は，文字どおり空気である．したがって，空気の流体としての振る舞いを，とくに圧縮性流体としての振る舞いを理解することが，エアーブリージングエンジンの本質を理解する基本である．序文でも述べたように，多くの大学では，圧縮性空気力学の講義が始まる前に，ジェットエンジン関係の講義が始まってしまう．そこで本章では，ジェットエンジンの説明に入る前に，圧縮性空気力学の基礎について簡単にふれる．

2.1　ガスの性質

　ガスタービンの作動流体は空気で，燃焼過程以降では燃焼ガスとなる．ガスタービンでは，空燃比，すなわち空気と燃料の重量混合比が 50 以上となるため，近似計算では作動流体を空気とみなしてよい．空気および燃焼ガスは，高温になると比熱の変化が無視できないので，作動流体は半完全ガスとして取り扱う．温度変化の小さいときには，近時的に比熱一定，すなわち完全ガスとして取り扱ってさしつかえない．

　ガスの状態に関する量を，次の記号と単位とで表す．

温度 (絶対)	T (K)	圧力 (絶対)	p (MPa)
ガス常数	R (J/kgK)	定圧比熱	c_p (kJ/kgK)
比容積	v (m^3/kg)	比重量	γ (kgf/m^3)
密度	ρ (kg/m^3)	比熱比	k (無次元)

ここで，kg は質量を表し，kgf は重量または工学単位系の力を表している．工学単位系の力 kgf を SI 単位系の力の単位 N に置き換えるには，次の換算式を用いる．

$$1 \text{ kgf} = 9.806 \text{ N} \tag{2.1}$$

空気，燃焼ガスの定圧比熱および比熱比は，静温度とともに上昇し，図2.1，図2.2に示すようになる．

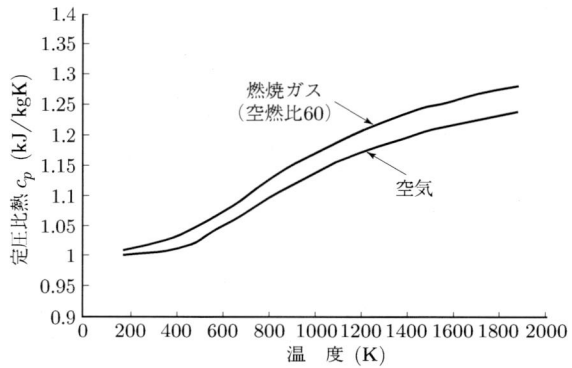

図 **2.1** 定圧比熱

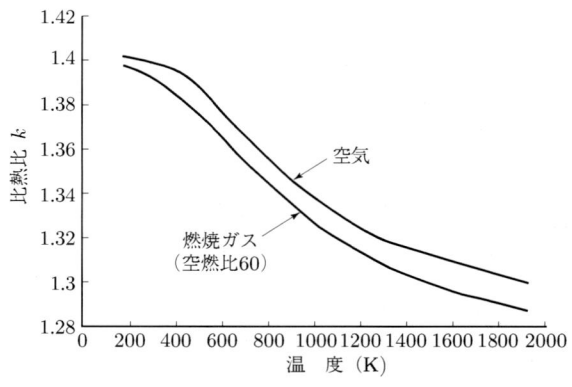

図 **2.2** 比熱比

2.2 圧縮性流体力学

ジェットエンジンは，圧縮性流体(空気)がエンジン内部を高速で流れる流体機械である．圧縮性流体力学の基礎を学んでおくことは，エンジンの特性を理解する上で大変重要となるため，本節でその概要を述べる．

(1) 熱と仕事

ジュールにより明らかにされたように，仕事と熱は同じ概念である．機械的仕事が熱に変わり，また熱が機械的仕事に変わる．SI 単位系ではしたがって，

$$W = Q \tag{2.2}$$

と書ける．W (仕事) の単位には N m (ニュートン・メートル)，Q (熱量) の単位には J (ジュール) が使われることが多いが，当然 N m = J である．工業単位では，W の単位は kgf m (キログラムエフ・メートル)，Q の単位は kcal であるので，熱量 Q は熱の仕事当量 $J = 426.8$ kgf m/kcal を掛けて仕事に変換する必要がある．

(2) 内部エネルギー

単位質量の流体に dq なる微小熱量を与えると，一部は流体の体積が変わるときの外部仕事 dw として費やされ，残りは内部エネルギーの増加 de として蓄えられる．

$$dq = de + dw \tag{2.3}$$

dw は，圧力 p による体積 v の微小変化によってなされる仕事 pdv であるから，

$$dq = de + pdv \tag{2.4}$$

となる．

(3) 全熱エネルギー (エンタルピー)

流体の全エネルギーは，内部エネルギーと外部エネルギー (力学的仕事) の和である．外部エネルギーは，流体がその単位質量当たり体積 v を保つために周囲の圧力 p を押しのけていることによるエネルギーで，pv である．そこで，単位質量の両エネルギーの和を全熱エネルギー i とし，

$$i = e + pv \tag{2.5}$$

と定義する．i をエンタルピー (enthalpy) とよぶ．これを全微分して，

$$di = de + pdv + vdp \tag{2.6}$$

となる．ここで，式 (2.4) より $dq = de + pdv$ であるから，

$$di = dq + vdp \tag{2.7}$$

となる.あるガスのエンタルピーとは,そのガスの単位質量に含まれる熱量の合計をいい,単位は J/kg である.

(4) 比　　熱

ある物質の単位質量の温度を,dT だけ高める熱量を dq とすれば,$dq = cdT$ となる.このとき,

$$c = \frac{dq}{dT} \tag{2.8}$$

で表される比例定数 c を比熱といい,単位は kJ/kgK が用いられる.比熱 c は温度,圧力に影響され,また変化の方法 (定圧変化,定積変化) によっても値が変わる.したがってガスの場合は,以下の二つの比熱がともによく用いられる.

$$c_p : 圧力を一定に保って 1\,\mathrm{K}\,高めるのに必要な熱量 = \left(\frac{\partial q}{\partial T}\right)_p \tag{2.9}$$

$$c_v : 体積を一定に保って 1\,\mathrm{K}\,高めるのに必要な熱量 = \left(\frac{\partial q}{\partial T}\right)_v \tag{2.10}$$

式 (2.9) と式 (2.7) より,

$$c_p = \frac{di}{dT} \quad これを積分して,\quad i = c_p T \tag{2.11}$$

となる.式 (2.10) と式 (2.4) より,

$$c_v = \frac{de}{dT} \quad これを積分して,\quad e = c_v T \tag{2.12}$$

となる.式 (2.5) より,$i = e + pv$ を T について微分すれば,

$$\frac{di}{dT} = \frac{de}{dT} + \frac{d(pv)}{dT}$$

となる.後述のガスの状態方程式 $pv = RT$ (R はガス定数) を代入すれば,

$$c_p - c_v = R \tag{2.13}$$

となる.ここで,$k = c_p/c_v$ とすると (k を比熱比とよぶ),

$$c_p = \frac{k}{k-1}R, \quad c_v = \frac{1}{k-1}R \tag{2.14}$$

となる.

（5） 状態方程式

単位質量のガスの体積 (比容積) を v, ガス定数を R, 単位体積の質量 (密度) を ρ とすると，状態方程式は，

$$pv = RT \quad \text{または,} \quad \frac{p}{\rho} = RT \tag{2.15}$$

と表される．ガスの分子量を M' (無次元) とすれば，$R = 8314.3/M'$ であり単位は J/kg K である．この法則に従うガスをとくに理想気体 (ideal gas) または完全ガスといい，式 (2.15) を理想気体の状態方程式とよぶ．

（6） 等温変化

ガスが温度一定で変化する (等温変化) 場合には，式 (2.15) より，

$$pv = \text{const} \quad \text{または} \quad \frac{p}{\rho} = \text{const} \tag{2.16}$$

となる．

（7） 断熱変化

ガスが外界との間で，熱の出入りを遮断して変化する (断熱変化) 場合には，式 (2.4), (2.7) において $dQ = 0$ とおいて，

$$de = -pdv \quad \text{および} \quad di = vdp$$

であるから，比 di/de をとると，

$$\frac{c_p dT}{c_v dT} = -\frac{v}{p}\frac{dp}{dv}$$

となる．これを積分して，

$$pv^k = \text{const} \quad \text{または} \quad \frac{p}{\rho^k} = \text{const} \tag{2.17}$$

となる．

（8） エネルギー方程式

ベルヌーイ (Bernoulli) の式で示される流体のエネルギー保存則は，流体が非圧縮で，かつ非粘性の理想流体に対して適用できる法則である．流体を非圧縮と考えると密度一定となり，数学的取扱いが簡単になるメリットがある．しかし，この理想流体の仮定が成立つのは，流体の速度が比較的低い領域であっ

て，ジェットエンジンの圧縮機やタービン内の流れのような高速の流れには適用できない．したがって，われわれは流体を圧縮性があるものとして扱う必要がある．このような流体が，1から2に進む間のエネルギー保存則を次に導く．各パラメータは図2.3による．

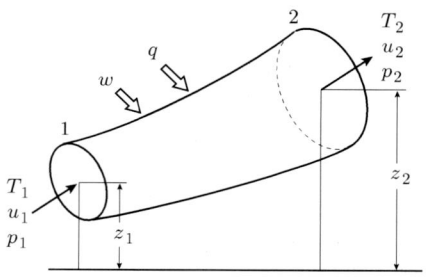

図 2.3 エネルギーの出入りとパラメータの定義

流体が1から2に進む間に，外部から熱量 q (J/kg) ならびに仕事 w (Nm/kg) を受ける場合，エネルギーのバランスは，

$$q+w = (e_2-e_1)+(p_2v_2-p_1v_1)+\frac{1}{2}(u_2^2-u_1^2)+g(z_2-z_1) \quad (2.18)$$

となる．ここで，u は流体の速度 (m/s)，g は重力加速度 9.80 m/s² である．式 (2.5) より $i=e+pv$ であるから，

$$q+w = (i_2-i_1)+\frac{1}{2}(u_2^2-u_1^2)+g(z_2-z_1) \quad (2.19)$$

となり，式 (2.11) より $i=c_pT$ であるから，

$$q+w = c_p(T_2-T_1)+\frac{1}{2}(u_2^2-u_1^2)+g(z_2-z_1) \quad (2.20)$$

となる．実際の流体がガスの場合には，位置のエネルギー gz はほかの項に比べて無視できることが多い．

$$q+w = c_p(T_2-T_1)+\frac{1}{2}(u_2^2-u_1^2) \quad (2.21)$$

式 (2.14) を用いて，

$$q+w = \frac{k}{k-1}R(T_2-T_1)+\frac{1}{2}(u_2^2-u_1^2) \quad (2.22)$$

となる．以上の式 (2.18)〜(2.22) をエネルギー方程式 (equation of energy) とよぶ．なお，熱量と仕事は，図のように外部から入って来る方向を正にとって

いる．

（9） 全温，静温

前項で説明したエネルギー保存式において，位置 1 を無限に大きい容積をもつ仮想の貯気槽と考えて，任意位置 2 との間のエネルギー関係式より，全温および静温について説明する．貯気槽は無限の容積を持っているため，そこでの流速はゼロと考えてよい．速度 0，温度 T_0 の貯気槽状態のガスが，途中で熱や仕事を受けないとすると ($w=0$, $q=0$)，式 (2.22) において $T_1 = T_0$, $T_2 = T$, $u_1 = 0$, $u_2 = u$ とおいて，

$$T_0 = T + \frac{1}{R}\frac{k-1}{k}\frac{u^2}{2} \tag{2.23}$$

$$c_p T_0 = c_p T + \frac{u^2}{2} \tag{2.24}$$

が得られる．この場合の T_0 を全温 (総温 total temperature)，T を静温 (static temperature) とよぶ．また，右辺第 2 項は速度エンタルピーヘッド，略して速度ヘッドとよぶ．位置 1，2 における全温を T_{01}, T_{02} とすれば，式 (2.23) よりそれぞれ，

$$T_{01} = T_1 + \frac{1}{R}\frac{k-1}{k}\frac{u_1^2}{2}$$

$$T_{02} = T_2 + \frac{1}{R}\frac{k-1}{k}\frac{u_2^2}{2}$$

となる．したがって式 (2.21) より，

$$q + w = c_p \left[T_2 + \frac{1}{R}\frac{k-1}{k}\frac{u_2^2}{2} - \left(T_1 + \frac{1}{R}\frac{k-1}{k}\frac{u_1^2}{2} \right) \right]$$

$$q + w = c_p (T_{02} - T_{01}) \tag{2.25}$$

となる．この式で仕事の供給が無い場合 ($w=0$) には，

$$q = c_p (T_{02} - T_{01}) \tag{2.26}$$

となる．さらに熱の供給が無い場合，すなわち，断熱流れ ($q=0$) の場合には，$T_{02} = T_{01}$ となり，全温は不変である．したがって，1，2 それぞれの状態で全温は一定で，これを T_0 で表すと，

$$T_{02} = T_{01} = T_0 \tag{2.27}$$

となる．すなわち，仕事の供給が無く，かつ断熱流れの場合には式 (2.27), (2.23) より，

$$T_0 = T + \frac{1}{R}\frac{k-1}{k}\frac{u^2}{2} = \text{const} \tag{2.28}$$

となる．以上の議論は粘性の有無に関係なく成立する．すなわち粘性による損失があってもなくても，仕事の供給がなく，かつ断熱流れの圧縮性流体では全温はつねに一定である．

全温は運動中の流体中に，管状の温度計を挿入することにより容易に計測できる．なぜなら，温度計の表面で流れはせき止められるため，そこでの流速はゼロとなって貯気槽状態を実現できるためである．しかし，静温は一般に測ることはできない (流体と同じ速度で移動したときに得られる温度計の読みが静温である)．

同じく，速度ゼロでの貯気槽状態での圧力を全圧 (総圧 total pressure) というが，全温と異なり，全圧は粘性があると摩擦損失が生じるため流れ方向に一定とならない．

(10) 音 速

音速とは，圧縮性流体の中を微小変動 (圧縮波) が伝わる速さである．小圧縮波の伝播する速度は，

$$a \equiv \sqrt{\left(\frac{dp}{d\rho}\right)_s} = \sqrt{k\frac{p}{\rho}} \tag{2.29}$$

である．ここで，添字 s は後述する等エントロピー状態を表している．音波によって引き起こされる変動は非常に小さいので，流体は等エントロピー過程に従うとみなしてよいためである．式 (2.15) より $p/\rho = RT$，したがって，

$$a = \sqrt{kRT} \tag{2.30}$$

である．

(11) マッハ数

速度 u と音速 a の比をマッハ数とよび，一般にこれを M で表す．マッハ数は流体の圧縮性の尺度を表すパラメータであり，圧縮性流体において最も重要な無次元パラメータである．

20　2. 空気力学

$$M = \frac{u}{a} = \frac{u}{\sqrt{kRT}} \tag{2.31}$$

マッハ数 M は，流れの各点で異なる．上式より，各点において u が変化するだけでなく音速 a もまた式 (2.30) による状態量により変化するためである．u の局所的な値を，局所音速 a で割ったマッハ数を局所マッハ数という．局所マッハ数が 1 より大きい流れを超音速流れといい，1 より小さい流れを亜音速流れという．

（12）非粘性ガスの管内の流れ

管やダクト内を流れるガスは，多くは断熱的に流れる．とくにノズルのように短いものを考える場合には，摩擦損失は少なく非粘性流れと考えてよい．以下，非粘性ガスの温度 T，圧力 p，密度 ρ とマッハ数 M の関係を求める．圧縮性流体は，温度，圧力および密度がたった一つのパラメータ M により表されるため，現象の考察や計算に非常に便利である．

(温度，圧力，密度とマッハ数)

ガスが流速 0，温度 (全温) T_0，圧力 (全圧) p_0，密度 ρ_0 の状態より出発して，流速 u，温度 T，圧力 p に断熱的に変化したとすれば，エネルギー式 (2.28) より，

$$T_0 = T + \frac{1}{R}\frac{k-1}{k}\frac{u^2}{2} = \text{const}$$

となり，この式に式 (2.31) のマッハ数 $M = u/a$ を代入し，u を消去すると，

$$\frac{T}{T_0} = \left(1 + \frac{k-1}{2}M^2\right)^{-1} \tag{2.32}$$

となる．次に，非粘性ガスの断熱流れ (等エントロピー流れ) では，式 (2.17) より，

$$\frac{T}{T_0} = \left(\frac{p}{p_0}\right)^{\frac{k-1}{k}} \tag{2.33}$$

$$\frac{p}{p_0} = \left(\frac{\rho}{\rho_0}\right)^{k} \tag{2.34}$$

となる (粘性ガスの断熱変化では粘性によりエントロピーが上昇し上式 (2.33)，(2.34) は成立しないので注意)．これらを式 (2.32) に代入して，

$$\frac{p}{p_0} = \left(1 + \frac{k-1}{2}M^2\right)^{-\frac{k}{k-1}} \tag{2.35}$$

$$\frac{\rho}{\rho_0} = \left(1 + \frac{k-1}{2}M^2\right)^{-\frac{1}{k-1}} \tag{2.36}$$

となる.M は任意状態 (T, p, ρ) における局所マッハ数である.式 (2.32), (2.35), (2.36) は非粘性流体における流速ゼロの最初の状態 (T_0, p_0, ρ_0) を知って,マッハ数が M の任意の点の状態 (T, p, ρ) を知るのに便利である.

(13) ファノ (Fanno) 方程式 (単位面積当たりの流量)

断面積 A の管を通るガスの流量 (質量) を $\dot{m}$ とすれば,単位面積当たりの流量は,

$$\frac{\dot{m}}{A} = \rho u = \frac{p}{RT}u = \frac{p}{\sqrt{T_0}}\sqrt{\frac{k}{R}}\frac{u}{\sqrt{kRT}}\sqrt{\frac{T_0}{T}}$$

となる.式 (2.31), (2.32) より,

$$\frac{\dot{m}}{A} = \frac{p}{\sqrt{T_0}}\sqrt{\frac{k}{R}}M\sqrt{1 + \frac{k-1}{2}M^2} \tag{2.37}$$

となり,この式をファノ (Fanno) の方程式とよぶ.断熱変化の場合は,T_0 は一定とみなせるから,貯気槽状態の全温 T_0,およびその位置における質量流量 $\dot{m}$,断面積 A,静圧 p を知れば,その位置におけるマッハ数 M が上式から求めることができる.ファノの式は,粘性,非粘性ともに適用できるので便利である.とくに非粘性の場合には,上式に式 (2.35) の p を代入して,

$$\frac{\dot{m}}{A} = \frac{\frac{p_0}{\sqrt{T_0}}\sqrt{\frac{k}{R}}M}{\sqrt{\left(1 + \frac{k-1}{2}M^2\right)^{\frac{k+1}{k-1}}}} \tag{2.38}$$

となる.この式は,非粘性ガスのマッハ数を算出するのに使われる.

(14) 縮 小 管

流速 0,温度 T_0,圧力 p_0 なるガスが,図 2.4 の縮小管を通る場合を考える.このような短管の場合は粘性による影響は無視できるので,流れは非粘性の断熱流れとなる.断面 A_1 における諸要素に 1 の添字を付けると非粘性のファノの式 (2.38) から,

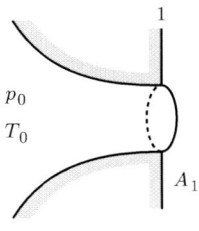

図 2.4 縮小管

$$\dot{m} = \frac{A_1 \frac{p_0}{\sqrt{T_0}} \sqrt{\frac{k}{R}} M_1}{\sqrt{\left(1 + \frac{k-1}{2} M_1^2\right)^{\frac{k+1}{k-1}}}} \tag{2.39}$$

となり，さらに式 (2.35) より，

$$\frac{p_1}{p_0} = \left(1 + \frac{k-1}{2} M_1^2\right)^{-\frac{k}{k-1}} \tag{2.40}$$

となる．この流量には極大値があり $d\dot{m}/dM_1 = 0$ とおくことにより求められる．それによると，

$$M_1 = 1 \tag{2.41}$$

となる．すなわち，A_1 を通る流速がその位置の音速に等しいときに流量が最大となる．この状態を閉塞状態またはチョーク状態という．流路の中で最も断面積の小さい部分をスロート (throat) というが，このスロートにおけるマッハ数が 1 となると流れはチョーク状態となる．また，このときの静圧 p_1 をスロート静圧 p_t とすれば，式 (2.40) に式 (2.41) を代入して，

$$\frac{p_1}{p_0} \rightarrow \frac{p_t}{p_0} = \left(\frac{2}{k+1}\right)^{\frac{k}{k-1}} \tag{2.42}$$

となる．このチョーク状態の圧力 p_t を臨界圧力という．図 2.5 に圧力比 p_1/p_0 と流量の関係を図示する．

出口静圧 p_1 が p_0 に等しいとき $\dot{m} = 0$ であるが，p_1 が小さくなるにしたがって，$\dot{m}$ がしだいに増し，式 (2.41) を満足する位置 ($M_1 = 1$) で極大になる．p_1 を式 (2.42) の臨界圧より小さくして行くと，式 (2.40) より M_1 は 1 より大きくなり，$\dot{m}$ も破線のように小さくなって行くが，この流れは実現できない．M_1 が 1 より大きくならずに極値 1 を保つため，$\dot{m}$ も図のように一定を保つ．ス

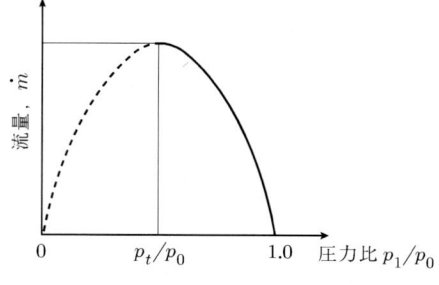

図 2.5 圧力比と流量

ロートの背圧を下げても，p_1 は臨界圧より下がることはなく，スロートより上流の流れはまったく影響を受けない．これは下流の変化が上流に伝播する速度 (すなわち，音速) がスロートにおける流速と等しいため，下流の情報が上流にさかのぼれないからである．

(15) 縮小拡大管 (ラバールノズル)

前項の縮小管に拡大管を接続すると，いわゆる縮小拡大管となり，流れは拡大管で減速または加速される．この縮小拡大管は，初期の研究者の名前をとってラバールノズル (Laval nozzle) といわれ，ロケットやジェットエンジンの排気ノズルに使用される．縮小拡大管の流れの様子を図 2.6 に示す．この場合は，拡大管を出た外でのガスの圧力 (これを背圧とよぶ) を p_a とすれば，p_a の高低

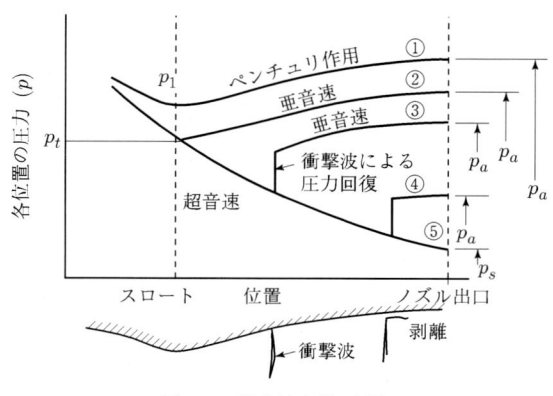

図 2.6 縮小拡大管の流れ

により流れの様子が違ってくる.

① p_a が p_0 より，わずかに小さい場合，圧力はしだいに下がり，スロート部で最低静圧 p_1 に達し，拡大管でしだいに上昇し p_a に達する．非圧縮流れと類似した流れとなり，このような縮小拡大管は単なるベンチュリとなる.

② p_a がさらに下がると，p_1 が式 (2.42) の値になるまで①の状態が続く．p_1 が式 (2.42) の臨界圧に達するとスロート上流の流れは，前項で述べたように後流に影響されなくなる.

③ p_a がさらに下がるが，図に示すノズル適性圧力 p_s よりは高い場合には，圧力は拡大管にそってなお下がると同時に，流れは超音速になって進む．あるところにくると圧力が不連続的に上昇し，流れは超音速より亜音速に急変する．いわゆる衝撃波が生ずる．衝撃波の後ろでは，亜音速流により緩やかに圧力が回復し，出口で p_a に等しくなる.

④ 衝撃波の後ろで流れが剥離した場合には，亜音速流による圧力回復はなく，出口圧力と同じになる.

⑤ p_a がさらに下がり，p_s に等しくなると衝撃波は消える (p_s の求め方は，例題 2.5 で説明する).

⑥ p_a が p_s より低くなると，圧力差 $(p_s - p_a)$ の運動エネルギーへの変換は拡大管を出てからも続き，管内の流れは p_a によって変わらなくなる.

(16) **断面積とマッハ数**

縮小・拡大している，いわゆるラバールノズルにおける流れでは，断面積とマッハ数は，等エントロピー (等エントロピーについては次節で説明する) を仮定すると，次のような非常に簡単な関係となる.

$$\frac{A_2}{A_1} = \frac{M_1}{M_2} \sqrt{\left\{\frac{1 + \frac{k-1}{2}M_2^2}{1 + \frac{k-1}{2}M_1^2}\right\}^{\frac{k+1}{k-1}}} \tag{2.43}$$

ここで，添字 1, 2 は流管中の位置を表している．この式は，式 (2.38) より $\dot{m}$ 一定として容易に求めることができる．A_1 をスロートとして (したがって，$M_1 = 1$) 断面積比とマッハ数の関係を図 2.7 に示す.

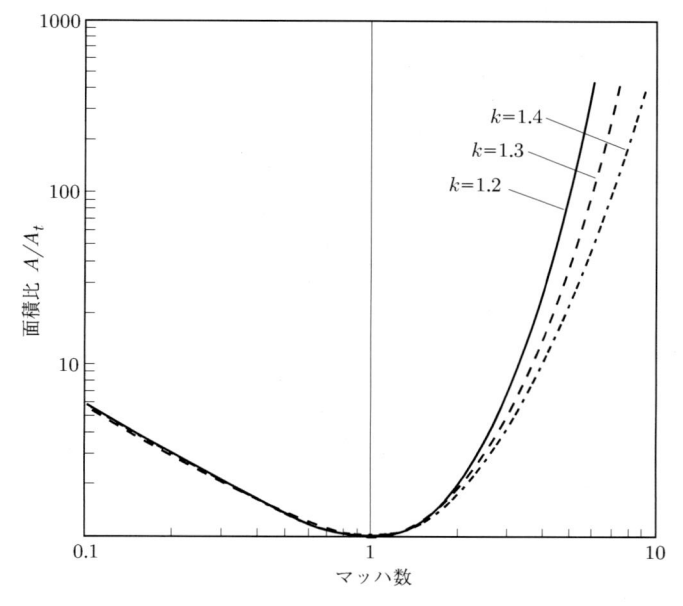

図 2.7 マッハ数と面積比

2.3 等エントロピー変化

外界と熱的に遮断された系においては，気体の膨張や初期温度の異なる気体の混合に見られるように，その圧力や温度は，つねに一様になろうとする傾向がある．すなわち，自然界は常に一方向にのみ進行しようとしているように見える．この経験則を数式で明確に表現できないであろうか？

この非可逆性の目安として，エントロピー s という概念が導入された．その数式的表現は，以下のようなものである．

$$ds = \frac{dq}{T} \tag{2.44}$$

小文字 ds は単位質量当たりで定義しているので，その単位は J/kg K である．エントロピーとは，作動流体がある状態から別の状態に移るまでの間に，それに接する物体 (固体，液体または気体) から，熱という形でどれほどのエネルギーを受け取ったかを示している．以下，このエントロピーが既知の状態量とどのように結びつけられるかを考える．式 (2.44) を状態 1 から状態 2 まで積

分して，

$$s_2 - s_1 = \int_1^2 \frac{dq}{T} \tag{2.45}$$

この積分は，状態1と状態2を結ぶ可逆過程について計算しなければならない．可逆過程の全エネルギーの式(2.7)より $dq = di - vdp$ であるから，上式に代入して，

$$\begin{aligned} s_2 - s_1 &= \int_1^2 \frac{di - vdp}{T} \\ &= \int_1^2 \frac{c_p dT}{T} - \int_1^2 R\frac{dp}{p} = \int_1^2 \frac{c_p dT}{T} - R\ln\frac{p_2}{p_1} \end{aligned} \tag{2.46}$$

となる．ここで，この気体が熱量的に完全 (c_p および c_v が定数) であれば，第1項目も積分できて，

$$s_2 - s_1 = c_p \ln \frac{T_2}{T_1} - R\ln\frac{p_2}{p_1} \tag{2.47}$$

となる．実際には，c_p は温度によって変化するため，エントロピーの変化は温度−エントロピー線図によって求めることが多い．その方法については後述する．

等エントロピー流れとは，式(2.47)において，左辺がゼロとなる条件であり，状態1から状態2に至る過程において系に移動する熱量がない，すなわち断熱的に変化するばかりでなく，流体中における摩擦や渦による熱の発生や圧力損失のない流れである．したがって，粘性のある流体では等エントロピー流れを実現することはできない．

図2.8に，圧縮機およびタービンにおける断熱変化を，縦軸エンタルピー，横軸エントロピーとして示す．斜めの線は等圧線である．図(a)は圧力上昇を，図(b)は圧力降下を示す．$1 \to 2_*$ が等エントロピー変化を表している．$1 \to 2$ は摩擦のある断熱変化であり，図のようにエントロピーが増大する．

ジェットエンジンの圧縮機，タービンでは外壁を通じての熱の出入りは無視できるほど小さく，断熱変化とみなせる．しかし，ガスの摩擦は無視できない大きさであり，実際の圧縮機は図(a)，タービンは図(b)の $1 \to 2$ の変化となる．

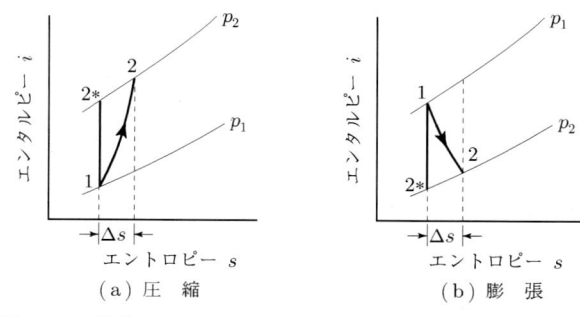

図 2.8 圧縮機およびタービンにおけるエンタルピー–エントロピー

2.4 等エントロピー変化の計算

等エントロピー変化した場合の諸量を，チャートと c_p を一定とする簡易方法の二つの方法で求めてみよう．

空気を始点 (20°C，0.1013 MPa) より圧縮比 5 で，等エントロピー圧縮したときの終点の状態を求める．

(1) チャートによる方法

巻末の空気の温度–エントロピー線図を用いて求めてみる．始点の添字を 1,終点の添字を 2 とする．

$$p_1 = 0.1013 \text{ Mpa}, \quad T_1 = 20 + 273.2 = 293.2 \text{ K}$$

圧力 p_2 は圧縮比 5 から容易に，

$$p_2 = 0.1013 \times 5 = 0.5065 \text{ MPa}$$

となる．温度 T_2 は点 1 (p_1, T_1) より出発し，等エントロピーであるから上方に垂直に移動し，p_2 の等圧線と交わったところの温度を縦軸より読んで，

$$T_2 = 462 \text{ K}$$

となる．

(2) 比熱一定とする近似計算

温度変化の幅が狭いときには，比熱一定として近似計算することができる．完全ガスの等エントロピー状態の変化は，式 (2.33) から求めることができる．

ここで，ジェットエンジンに使用される流体の比熱および比熱比は，次の値がよく用いられる．

$$\text{圧縮機部：} \quad c_p = 1.004 \text{ kJ/kgK} \quad k = 1.40$$
$$\text{タービン部：} \quad c_p = 1.155 \text{ kJ/kgK} \quad k = 1.33$$

p_1，T_1，p_2 は前項と同様である．T_2 は等エントロピー変化の温度と圧力の関係式 (2.33) より，圧縮機部の c_p および k を用いて，

$$T_2 = T_1 \left(\frac{P_2}{P_1}\right)^{\frac{k-1}{k}} = 464.4 \text{ K}$$

となり，c_p 一定としても実用的であることがわかる．なお，この c_p を，変化の最高，最低温度の平均温度における値を使うと，より近似度が高くなる．

例題 2.1 空気の流速 300 m/s のとき，静温 200°C および 800°C における全温を求めよ．流れは断熱とする．

解 図 2.1 より，

温度 200°C(473.2K) のときの $\quad c_p = 1.025$ kJ/kgK
温度 800°C(1073.2K) のときの $\quad c_p = 1.16$ kJ/kgK

であるので，式 (2.24) から，200°C のとき，

$$T_0 = T + \frac{1}{c_p}\frac{u^2}{2} = 473.2 + \frac{300^2}{1.025 \times 10^3 \times 2} = 517.1 \text{ K}$$

となる．同様に，800°C のとき，

$$T_0 = 1073.2 + \frac{300^2}{1.16 \times 10^3 \times 2} = 1111.9 \text{ K}$$

となる．

例題 2.2 空気 ($R = 287.06$ J/kgK, $k = 1.40$) の全圧 0.41 MPa，静圧 0.29 MPa，静温 973.2 K のとき，等エントロピー流れとして，全温および流速を求めよ．

解 式 (2.33) より，

$$T_0 = T\left(\frac{p}{p_0}\right)^{\frac{-(k-1)}{k}} = 973.2 \times \left(\frac{0.29}{0.41}\right)^{\frac{-0.4}{1.4}} = 1074.4 \text{ K}$$

となり，流速は式 (2.23) より，

$$u = \sqrt{(T_0 - T)\frac{2kR}{k-1}} = \sqrt{(1074.4 - 973.2)\frac{2 \times 1.4 \times 287.06}{1.4 - 1}}$$
$$= 450.9 \text{ m/s}$$

となる.

例題 2.3 ノズルがチョークしているときの流量を，ノズル入口の全温，全圧の関数として表せ．

解 等エントロピー流れとして，式 (2.39) より，マッハ数 M_1 での流量は，

$$\dot{m} = \frac{A_1 \frac{P_0}{\sqrt{T_0}} \sqrt{\frac{k}{R}} M_1}{\sqrt{\left(1 + \frac{k-1}{2}M_1^2\right)^{\frac{k+1}{k-1}}}}$$

となり，チョークしているときには，上式で $M_1 = 1$ とおいて，

$$\dot{m} = \frac{A_1 P_0 \sqrt{\frac{k}{RT_0}}}{\sqrt{\left(1 + \frac{k-1}{2}\right)^{\frac{k+1}{k-1}}}} = \frac{A_1 P_0 \sqrt{\frac{k}{RT_0}}}{\sqrt{\left(\frac{k+1}{2}\right)^{\frac{k+1}{k-1}}}}$$

となる.

例題 2.4 高度 10000 m をジェット機がマッハ数 2.2 で飛行している．このときのジェット機空気取入れ口における全温を求めよ．ただし高度 10000 m における大気温度 (静温) は 223.2 K である．空気の比熱比は 1.4 とする.

解 式 (2.32) より，

$$T_0 = T\left(1 + \frac{k-1}{2}M^2\right) = 223.2 \times \left(1 + \frac{0.4}{2} \times 2.2^2\right) = 439.2 \text{ K}$$

このように，高いマッハ数で飛んでいる飛行機の空気取入れ口全温は周囲の大気温度よりかなり高くなる.

例題 2.5 出口とスロートの面積比 7.45 のラバールノズルがある．このノズルの入口圧力 (全圧) が 5 MPa のときのノズル出口適正圧力を求めよ．流体は空気とし，比熱比は 1.4 である.

解 式 (2.43) において A_1 をスロート面積とすると，$M_1 = 1$ となるから，面積比と出口マッハ数 M_2 の関係は次のようになる.

$$\frac{A_2}{A_t} = \frac{1}{M_2}\sqrt{\left(\frac{1 + \frac{k-1}{2}M_2^2}{\frac{k+1}{2}}\right)^{\frac{k+1}{k-1}}}$$

この式に面積比 7.45 を入れて,逐次近似法により M_2 を求めると $M_2 = 3.6$ となる.これを用いると,出口圧力 p_2 は式 (2.35) から,

$$p_2 = p_0 \left(1 + \frac{k-1}{2} M_2^2\right)^{\frac{-k}{k-1}} = 5 \times \left(1 + \frac{0.4}{2} 3.6^2\right)^{\frac{-1.4}{0.4}} = 0.0569 \text{ MPa}$$

となる.この圧力が面積比 7.45 に対応するノズル出口適正圧力である.

3 ジェットエンジン要素の性能

ジェットエンジン各要素，すなわち圧縮機，タービン，燃焼器，およびノズルの熱流体力学的機能についてまず説明を行う．ジェットエンジンはこれら各要素の組合せのうえに成り立っているわけであるが，全体としての性能，機能については，次章で述べる．

3.1 圧縮機の仕事と効率

図 3.1 のように，圧縮機は外部より機械的仕事 (機械的エネルギー) を受けてそれを空気に伝え，流入空気のエネルギーを増し，圧力を上昇させる．圧縮機の外壁を通過する熱量は，なされる仕事に比べると無視できるほど小さいので，圧縮機内の流れは，断熱変化として取り扱うことができる．図のように，圧縮機入口を 1，出口を 2 とする．

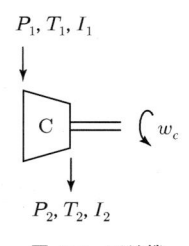

図 3.1 圧縮機

空気 1 kg 当たりについて，入口，出口のエネルギーの関係を調べる．エネルギー関係式において空気は比重量が小さいので，位置のエネルギーは無視してよい．圧縮機の仕事を流入空気質量 1 kg 当たり w_c (Nm/kg) とし，静エンタルピーを i (kJ/kg)，流速を v (m/s) とすると，式 (2.19) より，エネルギーバランスは以下のようになる．

3. ジェットエンジン要素の性能

$$\left(i_1 + \frac{v_1^2}{2}\right) + w_c = i_2 + \frac{v_2^2}{2} \tag{3.1}$$

全エンタルピー I を用いると，

$$I_1 + w_c = I_2 \tag{3.2}$$

となる．すなわち，圧縮機の仕事に相当する分だけ，出口の全エンタルピーが上昇する．

圧縮機の流れに，もし摩擦がなければ等エントロピー圧縮となって理想的となるが，実際には必ず摩擦があり，同一の圧力比の圧力上昇を行うとき，等エントロピー圧縮のときより大きい仕事を必要とする．図 3.2 にその関係を i–s 線図として示す．等エントロピー圧縮では，1 より 2∗ へ i–s 線図上では状態が垂直に変化する．実際の場合には，摩擦損失があるため，1 より 2 に斜め上方に向かって変化する．このため，等エントロピー変化に比べて大きな仕事を必要とする．この二つの仕事の比を圧縮機等エントロピー効率 η_c として定義する．

$$\eta_c = \frac{\text{等エントロピー圧縮仕事}}{\text{実際の圧縮仕事}} = \frac{w_{c*}}{w_c} = \frac{I_{2*} - I_1}{I_2 - I_1} \tag{3.3}$$

ここで，∗ 印は等エントロピー変化であることを示す (圧縮機等エントロピー効率は，以後，単に圧縮機効率または圧縮効率と略す)．

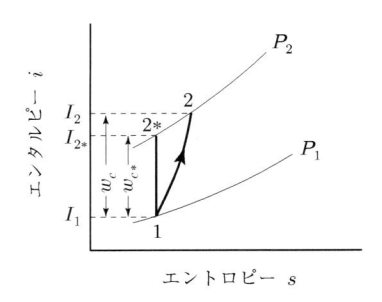

図 3.2 圧縮機の i–s 線図

出口全圧 P_2 と入口全圧 P_1 の比を圧縮機圧力比 r とし，次のように定義する．

$$r = \frac{P_2}{P_1} \tag{3.4}$$

式 (2.35) を用いて上式を静圧 p とマッハ数で表すと，

$$r = \frac{p_2}{p_1} \times \left(\frac{1 + \frac{k-1}{2} M_2^2}{1 + \frac{k-1}{2} M_1^2} \right)^{-\frac{k}{(k-1)}} \tag{3.5}$$

となる．出入口の流速が同じでも，圧縮機出口温度が上昇すると出口音速は入口音速より大きくなるから，M_2 は M_1 より小さくなる．したがって，このとき全圧比 P_2/P_1 と静圧比 p_2/p_1 は若干異なる．

ここで，圧縮機入口，出口における全圧，静圧および全温，静温の区別を明確にしておく．図 3.3 に圧縮機入口，出口のこれらの関係を表す．大文字 P_1，P_2 は全圧を，小文字 p_1，p_2 は静圧を表す．静圧は速度分だけつねに全圧より低くなる．図示のように，全圧 P_2 線上の点 2 には全温 T_2 が対応し，そこでのエンタルピーも全エンタルピー I_2 となる．静圧 p_2 線上の点 $2s$ には静温 t_2 が対応し，そこでのエンタルピーも静エンタルピー i_2 となる．$I_1 - i_1$ は入口速度ヘッド，$I_2 - i_2$ は出口速度ヘッドとなり，式 (2.24) より求めることができる ($I = c_p T_0$，$i = c_p T$ であるから)．Δs は圧縮機内の摩擦によるエントロピーの増加で，式 (2.46) または式 (2.47) により，状態量の温度，圧力を用いて計算できる．

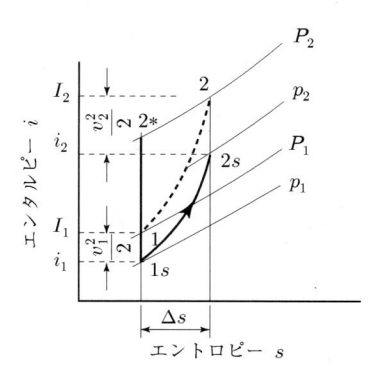

図 3.3 圧縮機の i–s 線図 (全圧，静圧による表現)

状態変化の経路は，全圧どうしでも静圧どうしでも，また全圧–静圧どうしでも i–s 線図で表現できる．本書では，とくに断らないかぎり，以後は全圧どうしで表現する．したがって，図 3.3 の全圧どうしの経路は，図 3.2 で表現した経路に等しい．

ここで，代表比熱 c_p を選び，空気を完全ガスとして取り扱い，出口状態，および圧縮機必要仕事を求める．等エントロピー変化時の終点温度 T_{2*} は，式 (2.33) より，

$$T_{2*} = T_1 r^{\frac{k-1}{k}} \tag{3.6}$$

となる．したがって，等エントロピー変化の圧縮機仕事は式 (3.2) より，

$$w_{c*} = I_{2*} - I_1 = c_p(T_{2*} - T_1) = c_p T_1 (r^{\frac{k-1}{k}} - 1) \tag{3.7}$$

となる．また，実際の圧縮機仕事は，

$$w_c = I_2 - I_1 = c_p(T_2 - T_1) \tag{3.8}$$

である．したがって，圧縮機等エントロピー効率は，式 (3.3) より，

$$\eta_c = \frac{w_{c*}}{w_c} = \frac{c_p T_1 (r^{\frac{k-1}{k}} - 1)}{c_p(T_2 - T_1)} \tag{3.9}$$

となる．これより実際の出口全温は，次式により求められる．

$$T_2 = T_1 \left(1 + \frac{r^{\frac{k-1}{k}} - 1}{\eta_c}\right) \tag{3.10}$$

なお，圧縮機質量流量を $\dot{m}$ (kg/s) とすると，圧縮機の必要とする動力 W_c (kJ/s) は，

$$W_c = \dot{m} w_c = \dot{m}(I_2 - I_1) \tag{3.11}$$

となる．

3.2 タービンの仕事と効率

タービンでは，図 3.4 に示すように入口の高圧 P_3 より，出口の低圧 P_4 までガス圧力が下がり，膨張して仕事を発生させる．タービンも圧縮機と同様，断熱変化として取り扱える．流動ガスより仕事を取り出すため，それに相当するエネルギーが減少し，出口全温 T_4 は入口全温 T_3 より低下する．

ガス質量 1 kg 当たりの仕事を w_t (Nm/kg)，静エンタルピー i (kJ/kg)，流速 v (m/s) とすると，入口，出口のエネルギーバランスは，(2.19) 式より，

$$i_3 + \frac{v_3^2}{2} = w_t + i_4 + \frac{v_4^2}{2} \tag{3.12}$$

3.2 タービンの仕事と効率

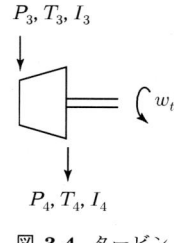

図 3.4 タービン

となる．全エンタルピーを用いて表現すると，

$$I_3 = w_t + I_4 \tag{3.13}$$

となる．これより，タービンの発生仕事に相当する分だけ全エンタルピーが低下することがわかる．

　タービン内のガスの流動には，必ず摩擦を伴う．したがって，発生するタービンの仕事は，摩擦のない理想的な膨張で得られる等エントロピー膨張仕事に比べると小さい．図 3.5 はその関係を示すもので，等エントロピー膨張の場合は，状態は点 3 より点 $4*$ に向かって垂直に移るが，摩擦のある実際の膨張の場合には，点 3 よりエントロピーが増える方向に斜めに点 4 へ向かって移動する．タービン等エントロピー効率は，この両者のエンタルピー差 (エンタルピードロップという) の比として，次式のように定義する．

$$\eta_t = \frac{実際の膨張仕事}{等エントロピー膨張仕事} = \frac{w_t}{w_{t*}} = \frac{I_3 - I_4}{I_3 - I_{4*}} \tag{3.14}$$

η_t は，一般に圧縮機効率より高く，85〜90%程度である (タービン等エントロ

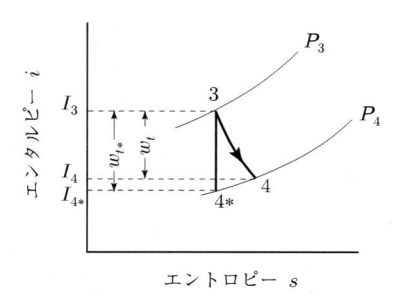

図 3.5 タービンの i–s 線図

ピー効率は,以後,単にタービン効率と略す).

タービン内の静温,静圧と全温,全圧の関係を図 3.6 に示す.全温,全圧は圧縮機の場合と同様に,速度ヘッドに相当する分だけ静温,静圧より高い.タービン内の摩擦によるエントロピーの増加 Δs は,式 (2.46) または式 (2.47) を使って状態量である温度,圧力を用いて計算できる.

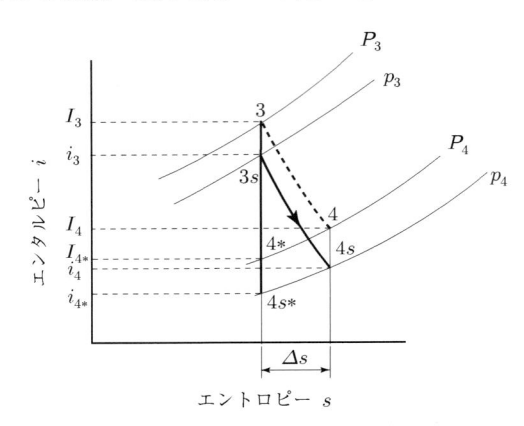

図 3.6 タービンの i–s 線図 (全圧,静圧による表現)

タービン効率は,全エンタルピーを使う式 (3.14) の定義のほかに,静エンタルピーを使い,次のように定義することもある.

$$\eta_{ts} = \frac{I_3 - I_4}{I_3 - i_{4*}} \tag{3.15}$$

この効率 η_{ts} は,分子全エンタルピー,分母静エンタルピーにちなんで,トータルツースタチック (total to static) 効率とよばれる.入口状態と出口の全温および静圧がわかれば簡単に効率が計算できるため,実験室ではわりと頻繁に使われる効率である.これに対して,式 (3.14) で定義した η_t は,トータルツートータル (total to total) 効率とよばれることもある.

出口速度 v の運動エネルギーは,産業ガスタービンではタービン排気とともに外部に捨て去られるが,ジェットエンジンでは推力としてこれを利用する.このことについては後述する.

タービン作動流体は燃焼ガスであるため,温度とエンタルピーの関係は,空気の場合ほど簡単ではない.しかし,一般にはジェットエンジンの空燃比が大

きいので，巻末の空気用線図を用いて近似計算することができる．また，その温度範囲に適した代表比熱 c_p を選び，完全ガスとして計算すれば，簡単に近似解が得られる．ここで，タービン入口状態から，タービン効率を用いて出口状態を求める式を導く．

等エントロピー変化 $3 \to 4*$ では，タービンの発生仕事は式 (3.13) を用いて，次のように表される．

$$w_{t*} = I_3 - I_{4*} = c_p(T_3 - T_{4*}) = c_p T_3 \left[1 - \left(\frac{P_3}{P_4}\right)^{\frac{1-k}{k}}\right] \tag{3.16}$$

実際のタービン発生仕事は，

$$w_t = I_3 - I_4 = c_p(T_3 - T_4) \tag{3.17}$$

となる．タービン効率 η_t を用いてタービン出口全温を求めると，次式のようになる．

$$T_4 = T_3(1 - \eta_t + \eta_t r_t^{\frac{1-k}{k}}) \tag{3.18}$$

ただし，$r_t = P_3/P_4$ である．同様に，出口全圧 P_4 は，

$$P_4 = P_3 \left[\frac{1}{\eta_t}\left(\frac{T_4}{T_3} - 1\right) + 1\right]^{\frac{k}{k-1}} \tag{3.19}$$

となる．

タービン質量流量を $\dot{m}$ (kg/s) とすると，タービン発生動力 W_t (Nm/s) は，

$$W_t = \dot{m} w_t = \dot{m}(I_3 - I_4) \tag{3.20}$$

となる．

3.3 燃焼器における温度上昇と効率

図 3.7 に示すように，燃焼器では，圧縮機出口より流入する $\dot{m}_a$ (kg/s) の空気が燃料 $\dot{m}_f$ (kg/s) と反応し，高温ガスとなってタービンに流れていく．燃料，空気とも連続的に燃焼室に送り込まれ，燃焼は連続的にほぼ定圧で行われる．燃料として軽油，灯油などが用いられるが，これらの燃料は燃料ポンプで加圧され，噴射ノズルより燃焼器の気流内に噴射される．

タービンは常時高温にさらされるので，無冷却タービンでは，タービン材料

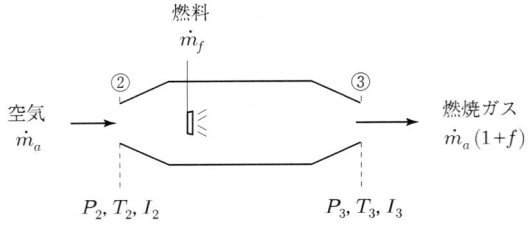

図 3.7 燃焼器

の使用限界である約 1000°C 程度に燃焼出口温度をおさえなければならない。したがって，燃料流量と空気流量の比，燃空比 f は小さく，著しく空気が過剰である．この燃空比の逆は空燃比となり，こちらもよく使用される．

$$f = \frac{\dot{m}_f}{\dot{m}_a} \tag{3.21}$$

図 3.7 に示すように，燃焼器から流出する流量は $\dot{m}_a(1+f)$ となる．

燃焼器での温度上昇は，出口，入口のエンタルピー I_3，I_2 の差として求められる．燃料の低発熱量 h (kJ/kg)，燃焼効率 η_b とし，燃料が液体のときのエンタルピーは小さいから無視すると，エネルギーの関係式は，

$$I_2 + \eta_b f h = (1+f)I_3 \tag{3.22}$$

$$\eta_b = \frac{(1+f)I_3 - I_2}{fh} \tag{3.23}$$

となる．すなわち，燃焼効率 η_b は，燃焼器で得られるエンタルピー上昇と，燃料の発生する熱量との比となる．η_b は定常運転中はきわめて高く，普通 96〜98％である．

I_2，I_3 は，それぞれ空気および燃焼ガスの比熱を用いて計算するが，簡易的には共通比熱を用いて，式 (3.23) から，

$$I_3 - I_2 = c_p(T_3 - T_2) = \eta_b f h \tag{3.24}$$

と求められる．ここで，式 (3.23) の分子の f は 1 に比べて小さいため，無視している．代表比熱として $c_p = 1.155$ kJ/kgK とすると，一般のガスタービンで比較的よい近似が得られる．なお，低発熱量 h は，重油で 41000 kJ/kg，ケロシンで 43100 kJ/kg 程度である．

燃焼器内の状態変化は，図 3.8 の i–s 図で示される．入口圧 P_2 の等圧線上

に，出口エンタルピー I_3 に等しい点 $3'$ をとる．燃焼器に全圧損失がなければ，ガスは $2 \to 3'$ の経路をとり，燃焼による加熱で $\Delta s'$ だけエントロピーが増大する．実際には，全圧損失があるため $2 \to 3$ の経路をとり，摩擦によるエントロピーの増大も含めて，図のように Δs だけエントロピーが増大する．

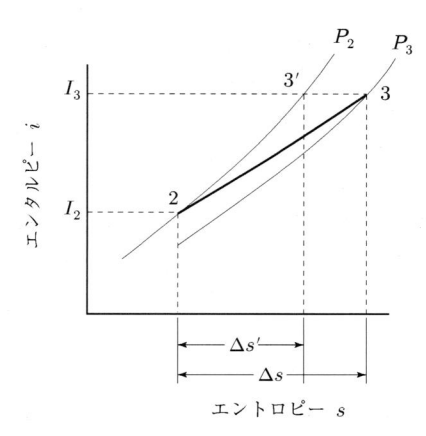

図 **3.8** 燃焼器の i-s 線図

3.4 ノズルと速度係数

外部との熱および仕事の出入りがなく，ガスを膨張加速する機能のみをもつノズルを考える．図 3.9 において，入口 4 と出口 5 についてエネルギーの式 (2.19) を適用すると，

$$i_4 + \frac{v_4^2}{2} = i_5 + \frac{v_5^2}{2} \tag{3.25}$$

となる．すなわち，$I_4 = I_5$ となる．外部と交換するエネルギーがないので，全エンタルピーは一定である．ガスを v_4 より v_5 に加速する仕事は，ガス自身の

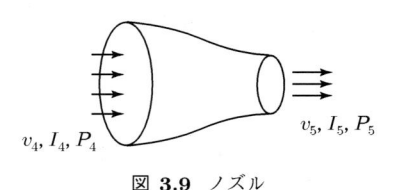

図 **3.9** ノズル

静エンタルピーを消費して行う.

　ノズルの状態変化を図3.10のi-s図に示す.全圧線上の点は4, 5で示し,静圧線上の点は④,⑤で示している.ガスは入口全圧 P_4 より出口静圧 p_5 まで膨張する.等エントロピー変化のとき,出口で静エンタルピー i_{5*} となり,終速でかつ最大速度の v_{5*} に達する.実際には,摩擦のため ΔP の全圧損失が生じるため,出口全圧 P_5 は入口全圧 P_4 より ΔP 分だけ小さくなる.これに応じてエントロピーが Δs だけ増加し,出口で静エンタルピー i_5 となるため,エンタルピー差 h_5 に対応する終速 v_5 が得られる.この図により,仕事,熱の出入りのない系でも,等エントロピー変化と非等エントロピー変化のあることを理解していただきたい.

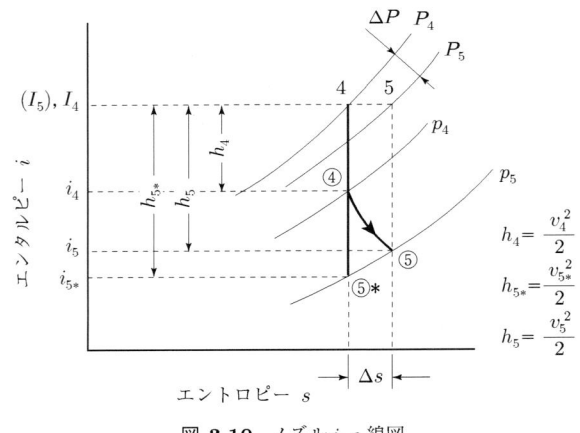

図 3.10 ノズル i-s 線図

　ノズル性能の表示には,等エントロピー変化を基準とするノズル効率 η_n が用いられる.

$$\eta_n = \frac{I_4 - i_5}{I_4 - i_{5*}} = \frac{v_5^2}{v_{5*}^2} \tag{3.26}$$

すなわち,実際の出口速度ヘッド h_5 と,理想膨張で得られる速度ヘッド h_{5*} との比となる.ノズル内の流れは増速流であるので,流れは剥離しにくく,ノズル効率は0.90〜0.96と高い値を示す.単に速度の比を用いてノズルの損失を表すこともある.

$$\varphi = \frac{v_5}{v_{5*}} \tag{3.27}$$

この φ のことを，ノズル速度係数とよぶ．

ノズル流出速度は上述のように，i–s 図を用いて計算するのが正確であるが，以下のように適当な代表比熱 c_p(したがって，比熱比 k) を用いて，完全ガスとして取り扱う近似的な計算方法もある．

ノズル入口の全温 T_4 (全エンタルピー I_4 に相当)，全圧 P_4 とし，出口静圧 p_5 とする．等エントロピー膨張として，静温 t_{5*} (静エンタルピー i_{5*} に相当) を，式 (2.33) より求める．

$$\frac{t_{5*}}{T_4} = \left(\frac{P_4}{p_5}\right)^{\frac{1-k}{k}}$$

ここで，ノズル入口と出口の全エンタルピーは等しいから，全温も等しく $T_4 = T_5$ である．ノズルで等エントロピー膨張したときの速度 v_{5*} は，式 (2.23) から，

$$T_4 = T_5 = t_{5*} + \frac{1}{R}\frac{k-1}{k}\frac{v_{5*}^2}{2} \tag{3.28}$$

である．これよりノズル効率 η_n のときの出口速度 v_5 は，

$$\begin{aligned}v_5^2 &= \eta_n v_{5*}^2 = \eta_n 2 t_{5*} R \frac{k}{k-1}\left[\left(\frac{P_4}{p_5}\right)^{\frac{k-1}{k}} - 1\right]\\ &= \eta_n 2 t_{5*} c_p \left[\left(\frac{P_4}{p_5}\right)^{\frac{k-1}{k}} - 1\right]\end{aligned} \tag{3.29}$$

と求めることができる．式 (3.29) はノズル入口全温 T_4 を用いて，

$$\begin{aligned}v_5^2 &= \eta_n 2 T_4 R \frac{k}{k-1}\left[1 - \left(\frac{P_4}{p_5}\right)^{\frac{1-k}{k}}\right]\\ &= \eta_n T_4 2 c_p \left[1 - \left(\frac{P_4}{p_5}\right)^{\frac{1-k}{k}}\right]\end{aligned} \tag{3.30}$$

とも表現できる．

42　3. ジェットエンジン要素の性能

例題 3.1　圧縮機において，空気の入口全温を 26.8°C より 306.8°C まで上昇させたときの，この圧縮機の必要仕事を求めよ．

解　入口温度：$26.8 + 273.2 = 300$ K
　　　出口温度：$306.8 + 273.2 = 580$ K

巻末の空気の温度–エントロピー線図より，
　　300 K　（たとえば 0.1 MPa のとき）のエンタルピーは　$I_1 = 300$ kJ/kg
　　580 K　（たとえば 1 MPa のとき）のエンタルピーは　$I_2 = 581$ kJ/kg
　　　（0.1〜5 MPa の範囲では全エンタルピーは圧力に依存していない）

であるから，圧縮機の必要仕事は式 (3.8) より，

$$\Delta I_c = I_2 - I_1 = 581 - 300 = 281 \text{ kJ/kg}$$

となる．
　代表比熱 $c_p = 1.004$ kJ/kg K を選んで計算すると，

$$c_p(T_2 - T_1) = 1.004 \times (306.8 - 26.8) = 281.1 \text{ kJ/kg}$$

となり，線図より求めた仕事とほぼ等しい．

例題 3.2　入口全温 420 K，出口温度 1120 K の燃焼器の燃空比を求めよ．ただし，燃焼効率を 98%，燃料の低発熱量を 43100 kJ/kg とする．

解　$c_p = 1.155$ kJ/kg K として，式 (3.24) に数値を代入し，

$$c_p(T_3 - T_2) = \eta_b f h$$
$$1.155 \times (1120 - 420) = 0.98 \times f \times 43100$$

これより，

$$f = 0.0191$$

となる．

例題 3.3　タービン出口全温 800 K，出口静圧 0.101 MPa で流速 300 m/s のとき，出口静温，出口全圧およびマッハ数を求めよ．

解　問題は図 3.6 において全圧線上および静圧線上の点 4 における諸量を求める問題である．
　巻末の空気の温度–エントロピー線図より，

　　800 K，0.101 MPa のとき $I_4 = 822$ kJ/kg

また，全エンタルピーと静エンタルピーとの差は速度ヘッドであるから，式 (2.24) より，

$$I_4 - i_4 = \frac{v_4^2}{2} = \frac{300^2}{2} = 45 \text{ kJ/kg}$$

となる．これより，

$$i_4 = 822 - 45 = 777 \text{ kJ/kg}$$

となる．これに対応する静温度は，線図より $t_4 = 760$ K である．また，このときの全圧は，点 (760 K, 0.101 MPa) と等エントロピーの直線と 800 K の交点より $P_4 = 0.130$ MPa である．

音速は，図 2.2 より 760 K における $k = 1.35$ として，

$$a = \sqrt{kRt_4} = \sqrt{1.35 \times 287.0 \times 760} = 542.6 \text{ m/s}$$

となる．ここで，空気のガス定数は $8314.3/28.964 = 287.0$ kJ/kg K である．

全圧を線図で求めるのは精度が悪いため，式 (2.33) を用いて，

$$\frac{760}{800} = \left(\frac{0.101}{P_4}\right)^{\frac{1.35-1}{1.35}}$$

より $P_4 = 0.123$ MPa と求めてもよい．線図で求めたものと少し異なるが，各企業は巻末の空気の温度–エントロピー線図をコンピュータの汎用ソフトとして利用できるようにしているため，ここで行ったような苦労はないはずである．

4 エンジンサイクル

本章では,ガスタービンエンジン全体のサイクル,性能,および推力について述べる.ガスタービンエンジンの理想サイクルであるブレイトンサイクルについて述べたのち,タービン入口温度や圧縮機の圧力比が,全体性能に及ぼす影響について説明する.また,ジェットエンジンの推力発生の原理についてふれ,ジェット機の速度に応じて最適なサイクルが異なることを説明する.最後に簡単なサイクル計算を実施する.

4.1 ブレイトンサイクル

ガスタービンエンジンの基本サイクルである,ブレイトンサイクルについて説明する.作動流体を,空気および燃焼ガスともに,ガス定数 R,定圧比熱 c_p 一定,したがって比熱比 k も一定として完全ガスとして扱う.このように取り扱うことは,ガスタービンの流体を半完全ガスとする実際の結果と少し異なった結果を与えるが,ガスタービンの性能を簡単に概観できる利点がある.

基本形のガスタービンで,各要素すべてに内部損失,圧力損失のない理想的なガスタービンのサイクルをブレイトンサイクル (Brayton cycle) という.このブレイトンサイクルの i–s 線図を図 4.1 に示す.

点 1 は圧縮機入口,点 2 は圧縮機出口,点 3 は燃焼器出口,点 4 はタービン出口である.圧縮機,タービンは等エントロピー変化,燃焼器は等圧変化である.タービン出口では,ガスは大気圧まで膨張し,出口の流速はゼロとする.排気は,大気内で定圧冷却されると考えて,図のサイクルは完結する.

この図において,等圧線の性質を調べてみる.熱の出入りを q,そのときの温度を T とし,等圧変化に添字 p を用いると,式 (2.44) より,

$$ds_p = \frac{dq_p}{T} = \frac{c_p dT}{T}, \quad \left(\frac{dT}{ds}\right)_p = \frac{T}{c_p} \tag{4.1}$$

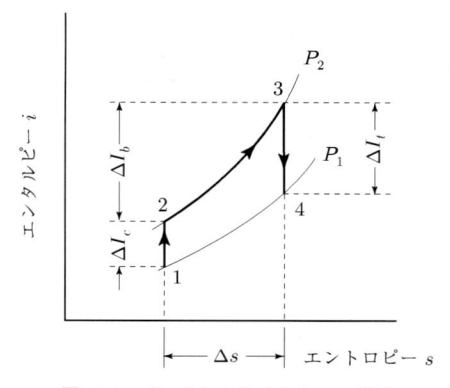

図 4.1 ブレイトンサイクル $i\text{-}s$ 線図

である．一方，エンタルピーは $di = c_p dT$ であるから，

$$\left(\frac{di}{ds}\right)_p = \frac{di}{dT}\left(\frac{dT}{ds}\right)_p = c_p \times \frac{T}{c_p} = T \tag{4.2}$$

である．図の等圧線の傾斜は絶対温度に一致する．したがって，高温部 (エンタルピーの高いところ) では等圧線の傾斜が大きく，同一圧力比でもタービンのエンタルピー落差 ΔI_t は圧縮機のエンタルピー上昇 ΔI_c より大きくなり，その差 ΔI_w が外に取り出せる仕事となる．

上記のブレイトンサイクルにおける関係は，流体の単位流量当たり，

$$w_c = \Delta I_c = c_p(T_2 - T_1) = c_p T_1 \left(r^{\frac{k-1}{k}} - 1\right) \tag{4.3}$$

$$w_t = \Delta I_t = c_p(T_3 - T_4) = c_p T_3 \left(1 - r^{\frac{1-k}{k}}\right) \tag{4.4}$$

$$w = \Delta I_w = \Delta I_t - \Delta I_c \tag{4.5}$$

$$q = \Delta I_b = c_p(T_3 - T_2) \tag{4.6}$$

となる．ここで，r は圧縮機の出口，入口の圧力比であり $r = P_2/P_1 = P_3/P_4$ である．また，T_2, T_4 は等エントロピー変化の終点で，T_{2*}, T_{4*} と書いてもよい (ブレイトンサイクルであるから)．以下，計算の便宜のため，次の変数を定義する．

$$\text{圧力比}: r = \frac{P_2}{P_1} \tag{4.7}$$

46　4. エンジンサイクル

$$\text{サイクル最高最低温度比}: \tau = \frac{T_3}{T_1} \tag{4.8}$$

$$\text{等エントロピー圧縮温度比}: \theta = \frac{T_{2*}}{T_1} = r^{(k-1)/k} \tag{4.9}$$

以上の諸量を用いると，ブレイトンサイクルの熱効率 η_{th} は，出力 ΔI_w を入力熱エネルギー ΔI_b で割って，

$$\eta_{th} = \frac{\Delta I_w}{\Delta I_b} = 1 - \theta^{-1} \tag{4.10}$$

となる．出力 w を $c_p T_1$ で割った無次元比出力は，

$$\frac{w}{c_p T_1} = (\tau - \theta)(1 - \theta^{-1}) \tag{4.11}$$

となる．式 (4.10) と式 (4.11) の様子を図 4.2 に示す．熱効率は圧力比 r が増すとともによくなり，比出力はサイクル最高最低温度比 τ (すなわち，タービン入口温度) により上昇することがわかる．また，最高最低温度比によっては最適な圧力比が存在することがわかる．エンジン設計者がタービン入口温度および圧力比にこだわる理由がここにある．

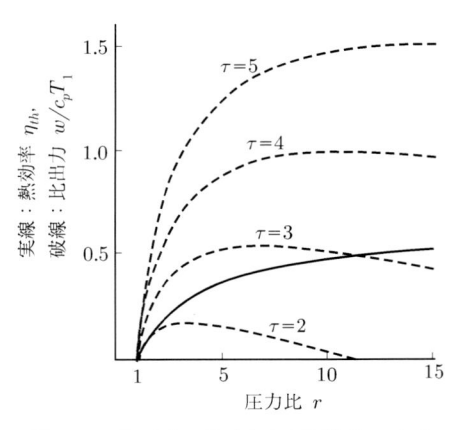

図 4.2　ブレイトンサイクルの性能 ($k = 1.4$)

ブレイトンサイクルは摩擦損失のない理想サイクルであり，実際には実現できない．損失のあるガスタービンサイクルを次に検討する．

4.2 圧縮機，タービン効率の影響

圧縮機，タービンのみに内部損失がある場合を考える．この場合のガスタービン i–s 線図を図 4.3 に示す．圧縮過程 $1 \to 2$ では損失があるため，圧縮機出口 2 はエントロピーが増す方向にずれる．膨張過程においても同様に，点 4 はエントロピーが増す方向にずれ，サイクル全体はひし形のような形となる．

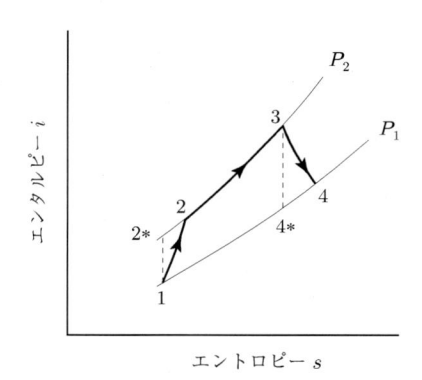

図 **4.3** ガスタービン i–s 線図

圧縮機の効率を η_c，タービンの効率を η_t とすると，前項の式 (4.3)〜(4.6) は次のように書き換えることができる．

$$w_c = \Delta I_c = c_p(T_2 - T_1) = \frac{c_p T_1(\theta - 1)}{\eta_c} \tag{4.12}$$

$$w_t = \Delta I_t = c_p(T_3 - T_4) = c_p T_1 \tau (1 - \theta^{-1})\eta_t \tag{4.13}$$

$$w = \Delta I_w = \Delta I_t - \Delta I_c \tag{4.14}$$

$$q = \Delta I_b = c_p(T_3 - T_2) = c_p T_1 \left(\tau - 1 - \frac{\theta - 1}{\eta_c}\right) \tag{4.15}$$

これより熱効率，無次元比出力は，

$$\eta_{th} = \frac{\Delta I_w}{\Delta I_b} = \frac{(\tau \eta_c \eta_t - \theta)(1 - \theta^{-1})}{\eta_c \tau - \theta + (1 - \eta_c)} \tag{4.16}$$

$$\frac{w}{c_p T_1} = \frac{(\tau \eta_c \eta_t - \theta)(1 - \theta^{-1})}{\eta_c} \tag{4.17}$$

となる．式 (4.16) の様子を図 4.4 に示す．この図によると，熱効率が最高・最低温度比 τ の影響を受けることがわかる．図 (a) は τ を変えた場合，図 (b) は

48　4. エンジンサイクル

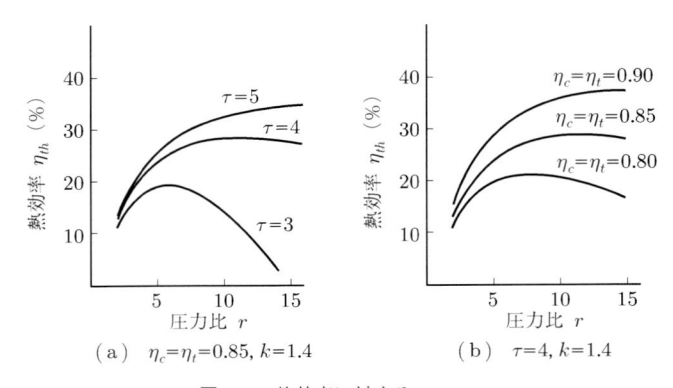

(a) $\eta_c=\eta_t=0.85, k=1.4$

(b) $\tau=4, k=1.4$

図 **4.4**　熱効率に対する τ, τ_c, τ_t

効率を変えた場合で，いずれも熱効率を最良にする圧力比があることがわかる．

　図4.5に式(4.17)の比出力の計算例を示す．大気温度27°Cのとき，$\tau=5$はタービン入口温度で1500 Kに相当する．効率は圧縮機，タービンともに0.85としている．図には$\tau=4$の場合と$\tau=3$の場合も示している．図4.2と比較して，コンポーネント効率により比出力が多大の影響を受けることがわかる．タービン温度が上昇すれば性能が向上することがわかる．また，タービン入口温度があまり高くないときには，圧力比が高くなると，比出力が減少すること

$\eta_c=\eta_t=0.85$

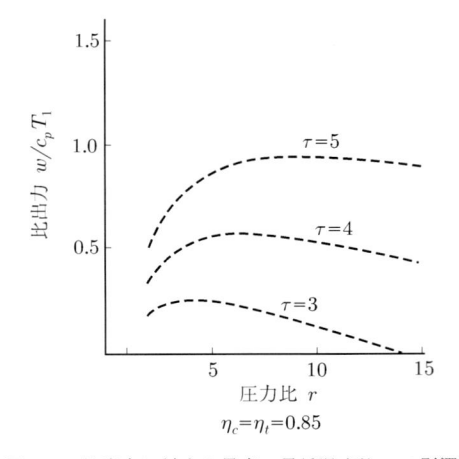

図 **4.5**　比出力に対する最高・最低温度比 τ の影響

に注意する必要がある．

ところで，式 (4.16), (4.17) でわかるように，

$$\tau \eta_c \eta_t = \theta \tag{4.18}$$

のとき，出力は発生しないし，熱効率もゼロとなる．このとき，$\Delta I_c = \Delta I_t$ となり，タービン出力はすべて圧縮機に吸収され，機関としての出力はゼロとなる．ガスタービンは原理的には古くから考えられていたが，実用が最近まで遅れたのは，τ, η_c, η_t を大きくできなかったのがその理由である．

4.3 他の圧力損失の影響

圧縮機，タービン以外の圧力損失が，全体性能にどのような影響を及ぼすかを検討する．ここでは，燃焼器の圧力損失とタービン排気の圧力損失を考える．この場合のサイクルは，図 4.6 の i–s 線図で示される．圧力損失係数をそれぞれ ε', ε'' とすると，タービン入口，出口の圧力は，

$$P_3 = P_2(1 - \varepsilon'), \qquad P_4 = p_0(1 + \varepsilon'')$$

と表される．図 4.6 では空気取入口に圧力損失がなく，圧縮機入口圧力 P_1 は，大気静圧 p_0 に一致している．タービン圧力降下比 r_t と，圧縮機圧力比 r の関係は，

$$r_t = \frac{P_3}{P_4} = \frac{P_2}{P_1} \times \frac{P_3}{P_2} \times \frac{P_1}{P_4} = r(1 - \varepsilon') \times \frac{P_1}{P_4}$$

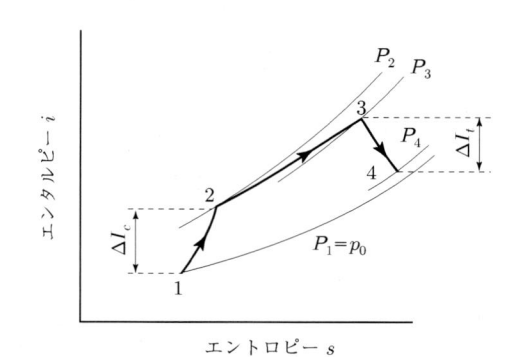

図 **4.6** 圧力損失がある場合の i–s 線図

となる．図 4.6 において，$P_1 = p_0$ としているから，

$$r_t = r(1-\varepsilon')\frac{p_0}{P_4} = r\frac{1-\varepsilon'}{1+\varepsilon''} \tag{4.19}$$

である．テイラー展開して1項目のみをとると，

$$r_t = r\left[1 - (\varepsilon' + \varepsilon'')\right] \tag{4.20}$$

と近似式が得られる．すなわち，圧縮機出口以降の全圧損失は，タービン圧力降下比を圧縮機圧力比より小さくする．このとき，タービンの発生仕事が r_t の減少に伴い小さくなるので，これらの全圧損失は，ガスタービンの熱効率および比出力を低下させる．この結果を図 4.4 と比較してみたのが図 4.7 である．図では $\tau = 4$，$\eta_c = \eta_t = 0.85$ である．ここでは，燃焼器，排気管の圧力損失のみを考えたが，たとえば熱交換器の全圧損失のように，圧縮機以降の圧力損失はすべて同じ影響を与える．

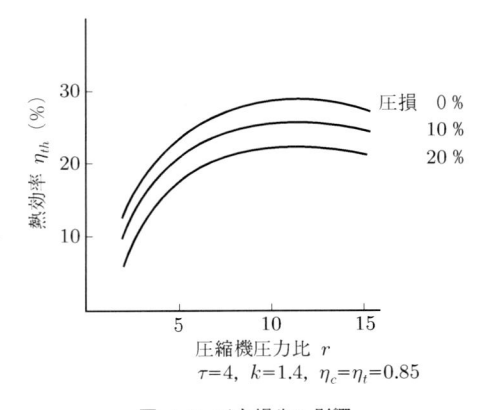

図 4.7 圧力損失の影響

4.4 ガスタービンの基本性能

基本形ガスタービンの性能を求める．図 4.8 に基本ガスタービンの構成を示す．各部の全圧 P，全温 T には次のような添え字を付ける．

0：大気　　　　1：圧縮機入口　　2：圧縮機出口
3：タービン入口　4：タービン出口　5：ノズル出口

4.4 ガスタービンの基本性能

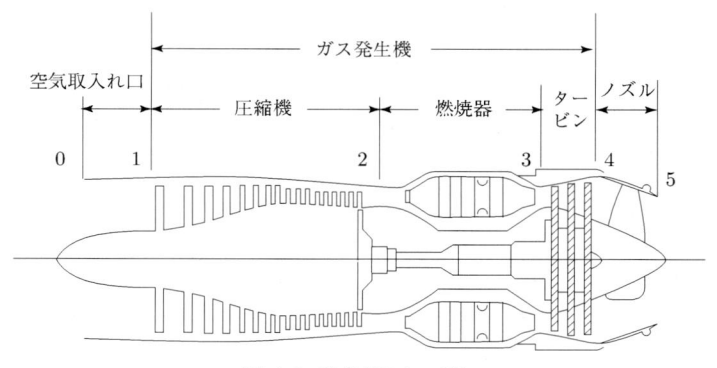

図 4.8 基本ガスタービン

圧力比 r, 空気流量 $\dot{m}_a$, タービン入口温度 T_3 の基本形ガスタービンの性能を計算してみよう. 数値例は後に示すが, その前に各点の圧力, 温度の求め方についてまとめておく.

空気の取り入れ口の圧力損失を ε とし, 圧縮機入口では全エンタルピー変化はないから, 圧縮機入口での全圧と全温は次のように表される.

$$P_1 = P_0(1-\varepsilon), \quad T_1 = T_0 \tag{4.21}$$

圧縮機の圧力比が与えられているから, 圧縮機出口圧力は,

$$P_2 = rP_1 \tag{4.22}$$

となる. 圧縮機出口温度は, 上の圧力比 r から求められる等エントロピー変化の温度 T_{2*} から, 圧縮機効率 η_c を使って求める.

タービン入口全温 T_3 が与えられているから, 圧縮機出口全温 T_2, 燃焼効率 η_b, 燃料の低発熱量 h を用いて, 式 (3.24) より燃空比が求められる.

$$f = \frac{c_p(T_3 - T_2)}{\eta_b h}$$

この式では, 共通比熱を用いているが, 低温 T_2 と高温 T_3 の平均温度における比熱を用いたほうが, より近似度が上がる.

$$f = \frac{c_{pav}(T_3 - T_2)}{\eta_b h} \tag{4.23}$$

ここで, c_{pav} は平均温度での比熱とする.

燃焼器の全圧損失を ε' とすると, タービン入口全圧 P_3 は,

$$P_3 = P_2(1-\varepsilon') \tag{4.24}$$

となる．タービン出口全圧 P_4 は，損失分 ε'' だけ外気圧 P_0 より高くなっている．(ジェットエンジンでは，噴出速度を大きくとる目的で損失分より大きくとるが，ここでは，噴出速度はほぼゼロのガスタービンとする).

$$P_4 = P_0(1+\varepsilon'') \tag{4.25}$$

タービンの圧力比 r_t は，

$$r_t = \frac{P_3}{p_4} \tag{4.26}$$

である．タービンの圧力比 r_t，タービン効率 η_t が与えられると，前章の議論から，タービン出口温度 T_4 とタービン仕事 w_t が求められる．

ついでガスタービンの出力を求める．圧縮機流量を $\dot{m}_a$ とすると，タービン流量は $\dot{m}_a(1+f)$ である．タービン出力を W_t，圧縮機入力を W_c，ガスタービン出力を W とすると (w の大文字は 1 kg 当たりではないことに注意)，

$$W = W_t - W_c = \dot{m}_a\left[(1+f)w_t - w_c\right] \quad (\text{kW}) \tag{4.27}$$

となる．これを工業でよく使われる馬力 (仏馬力，PS) に換算するには，上記の W(単位，kW) に 1.3596 を掛けて，

$$\text{PS} = 1.3596\, W \quad (\text{馬力}) \tag{4.28}$$

とする．

燃料流量 $\dot{m}_f$ は，燃空比 f を用いて，

$$\dot{m}_f = f\dot{m}_a \tag{4.29}$$

とする．ガスタービンの経済性を表すのに，熱効率 η_{th} (thermal efficiency) または燃料消費率 sfc (specific fuel consumption) が用いられる．熱効率は，エンジンが発生する出力 (熱換算したもの) と，消費燃料の単位時間当たりの発熱量の比であるから，

$$\eta_{th} = \frac{W}{\dot{m}_f h} \tag{4.30}$$

となる．ここで，h は燃料 1 kg 当たりの低発熱量 (kJ/kg) である．燃料消費率は単位出力 (PS)，単位時間 (普通は 1 時間とする) 当たりの消費量をとるので，

$$sfc = \frac{\dot{m}_f}{W}\frac{\times 3600}{\times 1.3596} \times 10^3 = \frac{\dot{m}_f}{W} \times 2.648 \times 10^6 \frac{g}{PSh} \tag{4.31}$$

となる．熱効率と燃料消費率の関係は，式 (4.30)，(4.31) から，

$$\eta_{th} = \frac{2.648 \times 10^6}{[sfc] \times h} \tag{4.32}$$

となる．ただし，ここの定義の sfc はフリータービンでの定義である．ジェットエンジンの場合は，後述するように推力 1N 当たりの燃料消費率となるので，混同しないように注意が必要である．ガスタービンの実際の出力は，機械部品の軸受損失や円板摩擦損失等が生じるので，式 (4.27) の値と等しくならない．実際の出力 W_0 と W の比を機械効率 η_m とし，次式で定義する．

$$W_o = \eta_m W \tag{4.33}$$

機械効率は，ガスタービンの形式や出力規模により異なるが，96% 程度である．

【**数値例 4.1**】 大気圧 0.101 MPa，大気温度 15°C のとき，圧力比 6，タービン入口温度 800°C，空気流量 50 kg/s の基本形ガスタービンの性能を求めよ．ただし，$\eta_c = 85\%$，$\eta_t = 88\%$，$\eta_b = 98\%$ とする．全圧損失係数は，空気の取り入れ口で $\varepsilon = 2\%$，燃焼器で $\varepsilon' = 5\%$，排気ダクトで $\varepsilon'' = 3\%$ とする．

解 この計算を図 4.9 の i–s 線図を参照しつつ行う．なお，計算は代表比熱 (圧縮機で $c_{pl} = 1.004$ kJ/kgK，$k = 1.40$，タービンで $c_{ph} = 1.155$ kJ/kgK，$k' = 1.33$) を用いる簡便法で行う．もちろん巻末の空気線表を用いても可能である．また，燃料の低

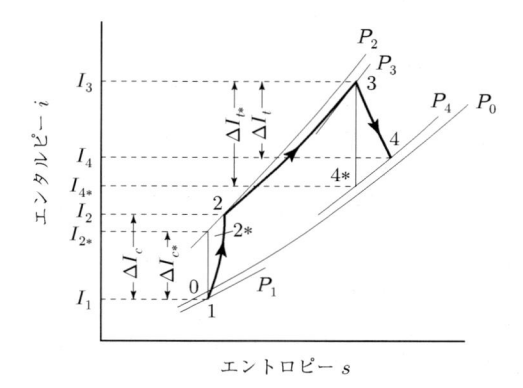

図 **4.9** 基本形ガスタービン i–s 線図

54   4. エンジンサイクル

発熱量 h は 43100 kJ/kg とする.
大気状態： $P_0 = 0.101$ MPa, $T_0 = 15°\text{C} = 288.2$ K
圧縮機入口：

   入口全圧，全温； $P_1 = P_0(1 - \varepsilon) = 0.09898$ MPa, $T_1 = 288.2$ K,
   入口全エンタルピー； $I_1 = c_{pl}T_1 = 1.004 \times 288.2 = 289.3$ kJ/kg

圧縮機出口：

   等エントロピー出口全温；

$$T_{2*} = T_1 \left(\frac{P_2}{P_1}\right)^{\frac{k-1}{k}} = 288.2 \times 6^{\frac{1.4-1}{1.4}} = 480.8 \text{ K}$$

   同上全エンタルピー； $I_{2*} = c_{pl}T_{2*} = 1.004 \times 480.8 = 482.7$ kJ/kg
   同上エンタルピー差； $\Delta I_{c*} = I_{2*} - I_1 = 482.7 - 289.3 = 193.4$ kJ/kg
   実際のエンタルピー差； $\Delta I_c = \Delta I_{c*}/\eta_c = 193.4/0.85 = 227.5$ kJ/kg
   出口エンタルピー； $I_2 = I_1 + \Delta I_c = 289.3 + 227.5 = 516.8$ kJ/kg
   出口全温； $T_2 = I_2/c_{pl} = 516.8/1.004 = 514.7$ K
   出口全圧； $P_2 = P_1 \times 6 = 0.09898 \times 6 = 0.5938$ MPa

タービン入口：

   入口全温； $T_3 = 800°\text{C} = 1073.2$ K
   入口全圧； $P_3 = P_2(1 - \varepsilon') = 0.5641$ MPa

タービン出口：

   出口全圧； $P_4 = P_0(1 + \varepsilon'') = 0.104$ MPa
   等エントロピー出口全温；

$$T_{4*} = T_3 \left(\frac{P_3}{P_4}\right)^{\frac{1-k'}{k'}} = 1073.2 \times \left(\frac{0.5641}{0.104}\right)^{\frac{1-1.33}{1.33}} = 705.4 \text{ K}$$

   同上出口エンタルピー； $I_{4*} = c_{ph}T_{4*} = 1.155 \times 705.4 = 814.7$ kJ/kg
   同上エンタルピー差； $\Delta I_{t*} = I_3 - I_{4*} = c_{ph}T_3 - I_{4*} = 424.8$ kJ/kg
   実際のエンタルピー差； $\Delta I_t = \eta_t \Delta I_{t*} = 373.8$ kJ/kg
   出口全エンタルピー； $I_4 = I_3 - \Delta I_t = 865.7$ kJ/kg
   出口全温； $T_4 = I_4/c_{ph} = 749.5$ K

燃焼器：燃空比 f は式 (4.23) を用いて求める．T_3 と T_2 の平均温度より図 2.1 から $c_{pav} = 1.13$ であるから,

$$f = \frac{c_{pav}(T_3 - T_2)}{\eta_b h} = \frac{1.13 \times (1073.2 - 514.7)}{0.98 \times 43100} = 0.0149$$

ガスタービン出力：空気流量 50.0 kg/s であるから,

$$W = \dot{m}_a \left[(1 + f) \Delta I_t - \Delta I_c\right] = 50.0 \times [1.0149 \times 373.8 - 227.5] = 7593.4 \text{ kW}$$

馬力に直して，$1.3596 \times 7593.4 = 10323.9$ PS

燃料流量：$\dot{m}_f = \dot{m}_a \times f = 0.745$ kg/s

燃料消費率：

$$sfc = \frac{\dot{m}_f}{W} \times 2.648 \times 10^6 = \frac{0.745 \times 2.648 \times 10^6}{7593.4} = 259.7 \text{ g/PSh}$$

$$\text{熱効率：} \eta_{th} = \frac{2.648 \times 10^6}{sfc \times h} = \frac{2.648 \times 10^6}{259.7 \times 43100} = 0.236$$

以上の計算は，巻末の空気線表で計算するのが正確である．この場合，出力は 10230 PS となり，若干の差があることがわかる．

4.5　ジェットエンジンの推力

ジェットエンジンの推力を運動量の法則から導く．図 4.10 に示すように，物体から離れた検査面 (control surface) A_1，A_3 をとる．流れは面に垂直，流速は面内で一様とする．物体が流体から受ける力 F は，運動量の時間的変化と両面の圧力差の和となる．M は運動量を，A は断面積，p は圧力を表すとすると，物体に働く力は，

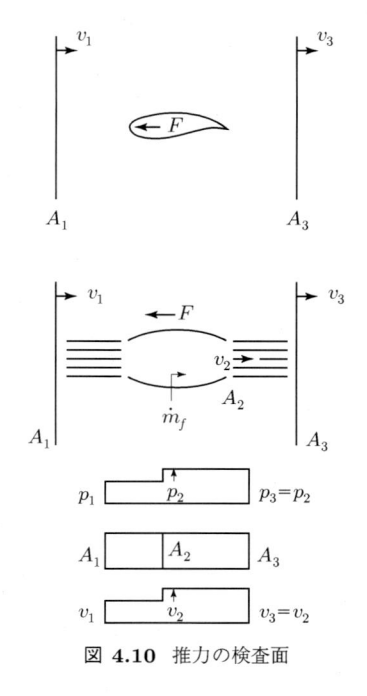

図 4.10　推力の検査面

$$F = \int_{A3} dM - \int_{A1} dM + \int_{A3} pdA - \int_{A1} pdA \tag{4.34}$$

となる．この式をジェットエンジンに適用してみよう．流入，流出する流体の質量を m，速度を v とすると，

$$F = \dot{m}_3 v_3 - \dot{m}_1 v_1 + p_3 A_3 - p_1 A_1 \tag{4.35}$$

となる．ダクトに流入する内部流れのみを考えればよいので，そこでは図に示すように，

$$A_1 = A_2 = A_3$$

である．噴出流の圧力は周囲圧に等しく，

$$p_2 = p_3$$

である．また，噴出流の速度は境界での速度に等しく，

$$v_2 = v_3$$

である．したがって，式 (4.35) は，

$$F = \dot{m}_3 v_2 - \dot{m}_1 v_1 + p_2 A_2 - p_1 A_2$$

となる．ここで，$\dot{m}_1$ を流入空気質量流量，$\dot{m}_f$ を燃料質量流量とすると，

$$\dot{m}_3 = \dot{m}_1 + \dot{m}_f$$

である．よって物体に働く力 F は，

$$F = \dot{m}_1(v_2 - v_1) + \dot{m}_f v_2 + (p_2 - p_1)A_2 \tag{4.36}$$

となる．これが物体に働く推力の式である．燃料流量は空気流量に比べて小さく，0.005 から 0.020 のオーダーであるから無視することが多い．この場合，式 (4.36) は，

$$F = \dot{m}_1(v_2 - v_1) + (p_2 - p_1)A_2 \tag{4.37}$$

となる．

式 (4.37) の推力 F は，機体に有効に作用している正味の推力であるから，正味スラスト (net thrust) という．これに対して，式 (4.37) の $v_1 = 0$ の場合の推力を総推力 (gross thrust) という．すなわち，総推力を F_g とすると，

$$F_g = \dot{m}_1 v_2 + (p_2 - p_1)A_2 \tag{4.38}$$

となる.これは機体の速度に関係なく,エンジンが本当に出している推力にあたるわけである.なお,この $v_1 = 0$ のときの推力を静止推力 (static thrust) ともよんでいる.これらに対して,式 (4.37) の $\dot{m}_1 v_1$ は,機関が流入空気を受け止めることにより生ずる抗力で,流入空気の運動量変化に等しいから,運動量抗力またはラム抗力 (ram drag) F_r とよぶ.すなわち,

$$\text{正味推力 } F = \text{グロス推力 } F_g - \text{ラム抗力 } F_r \tag{4.39}$$

となる.式 (4.37) を書きなおして,

$$F = \dot{m}_1 v_j - \dot{m}_1 v_1 \tag{4.40}$$

とおくと,

$$v_j = v_2 + \frac{A_2}{\dot{m}_1}(p_2 - p_1) \tag{4.41}$$

となる.この v_j を有効噴流速度 (effective jet velocity) という.

(1) 推進仕事

ジェット機関が,機速 v_1 (m/s) で動き,推力 F (N) を発生しているときの,この推力がなす仕事 (推進仕事) W_p (Nm/s) は,

$$W_p = F v_1 = \dot{m}_1 (v_j - v_1) v_1 \tag{4.42}$$

と表される.

(2) ジェットエンジンがつくるエネルギー

空気は大気圧で流入し,大気中にジェットとして噴出されるから,エンジンがつくり出すエネルギー W (kW) は,空気のもつ運動エネルギーの増分に等しいから,

$$W = \frac{1}{2} \dot{m}_1 (v_j^2 - v_1^2) \tag{4.43}$$

となる.これは書きなおすと,

$$W = \dot{m}_1 v_1 (v_j - v_1) + \frac{1}{2} \dot{m}_1 (v_j - v_1)^2 \tag{4.44}$$

となる.これをみると前項は推進仕事,後項は排気残留エネルギーとなっている.すなわち,ジェットの下流には,速度 $v_j - v_1$ の噴流が残っており,その

運動エネルギーは使われずに損失となる．文章で表現すると，

$$W = 推進仕事 + 排気残留エネルギー \tag{4.45}$$

となる．

（3）推進効率

推進効率 η_p は，ジェットエンジンがつくり出したエネルギーのうち，有効に使われたエネルギーの割合で，次式で定義される．

$$\eta_p = \frac{W_p}{W} = \frac{\dot{m}_1 v_1 (v_j - v_1)}{\frac{1}{2}\dot{m}_1 (v_j^2 - v_1^2)} = \frac{2v_1}{v_j + v_1} = \frac{2}{1 + v_j/v_1} \tag{4.46}$$

これを図示すると，図 4.11 のようになる．機速 v_1 が v_j に近づくほど推進効率 η_p はよくなる．したがって，図 4.12 に示すように，噴出速度の高い純粋ターボジェットエンジンでは，高速において推進効率が高く，比較的噴出速度の低い高バイパスターボファンエンジンは，時速 1000 km/h 前後の高亜音速領域において推進効率が高くなる．ターボプロップエンジンや高バイパスターボファンエンジンにピークが存在するのは，プロペラやファン先端の効率が低下するためで，噴出速度との関連で現れるのではない．

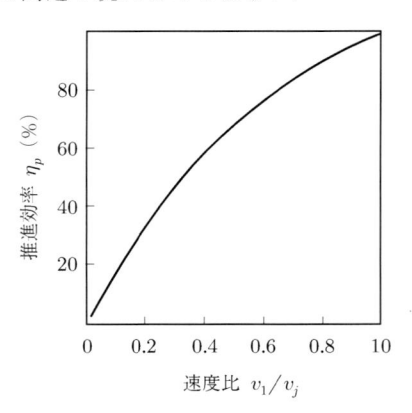

図 **4.11** ジェットエンジンの推進効率

（4）エンジン熱効率

系に与えた熱エネルギーのうち，エンジンが発生したエネルギーとの比を熱効率 η_{th} とよび，次式で定義する．

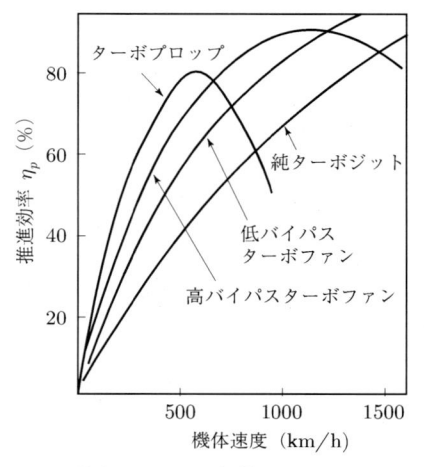

図 **4.12** 機体速度による各種エンジンの推進効率

$$\eta_{th} = \frac{W}{\dot{m}_f h} = \frac{\dot{m}_1(v_j^2 - v_1^2)}{2\dot{m}_f h} = \frac{v_j^2 - v_1^2}{2fh} \tag{4.47}$$

ここで，h は燃料の低発熱量 (kJ/kg) である．

(5) 燃料消費率

ジェットエンジンの燃料消費率は，単位推力当たりの燃料消費率 $tsfc$ (thrust specific fuel consumption) である．

$$tsfc = \frac{\dot{m}_f}{F} \text{ (kg/Ns)} \tag{4.48}$$

$tsfc$ の単位は，上述のように kg/Ns であるが，kg 単位では数値が小さくなってしまうため，実用上 mg が使われ，mg/Ns としている．具体的な数値については，第 7 章において扱う．

(6) 全効率

推進効率 η_p と熱効率 η_{th} の積を，ジェット機関の全効率 η_0 (overall efficiency) という．消費燃料エネルギーのうち，有効な推進仕事になった割合を示すことになる．

$$\eta_0 = \eta_p \eta_{th} = \frac{W_p}{\dot{m}_f h} = \frac{Fv_1}{\dot{m}_f h} = \frac{v_1(v_j - v_1)}{hf} \tag{4.49}$$

ここで，f は燃空比である．この全効率は v_1 を横軸にとって図を描いてみると，上に凸な二次曲線となり，最大値は $v_1 = v_j/2$ の点で得られる．したがって，全効率は機速と関係があり，ジェットエンジンのタイプにより，その最高値を示す機体速度が異なってくる．各種機関に有利な高度があるから，簡単な比較はできないが，一般的には，低機速ではターボプロップ，高機速ではターボジェット，中間の機速ではターボファンが熱経済上有利といえる．

4.6 ジェットエンジンの基本性能

以下にジェットエンジンの基本性能について述べる．ジェットエンジンの基本性能は，4.4 節に述べたガスタービンのそれと本質的には変わらない．ただし，空中をある速度で飛んでいることにより，入口での全温，全圧が上昇していることと，出力をジェットによる推力として取り出すことがガスタービンとの大きな違いとなる．

(1) 空気の取入れ口における全温，全圧の上昇

飛行機が静止しているときには，エンジン入口における全圧 P_0 は，大気圧 (静圧) p_0 に等しい．しかし，飛行機がある速度で飛行しているときには，その速度分だけ等エントロピー的に圧縮され，式 (2.35) より，

$$P_0 = p_0 \left(1 + \frac{k-1}{2} M^2\right)^{\frac{k}{k-1}} \tag{4.50}$$

となる．ここで，M は飛行マッハ数である．入口全温 T_0 も，式 (2.32) より，

$$T_0 = t_0 \left(1 + \frac{k-1}{2} M^2\right) \tag{4.51}$$

と，上流の静温 t_0 より上昇している．空気の $k = 1.4$ を代入すると，式 (4.50)，(4.51) は，

$$P_0 = p_0 (1 + 0.2 M^2)^{3.5}, \quad T_0 = t_0 (1 + 0.2 M^2) \tag{4.52}$$

のように簡単化される．エンジン入口から圧縮機入口までは，粘性による全圧損失がある．その全圧損失係数を ε とすると，圧縮機入口の全圧 P_1 は

$$P_1 = P_0 (1 - \varepsilon) \tag{4.53}$$

となる．ただし，全温のほうは，粘性があっても変わらず $T_0 = T_1$ である．

(2) ターボジェットエンジンの性能計算

ターボジェットエンジンの作動状態を i–s 線図で示すと，図 4.13 のようになる．大気の静圧 p_0，静温 t_0 以外は全圧，全温状態で，大文字で示している．

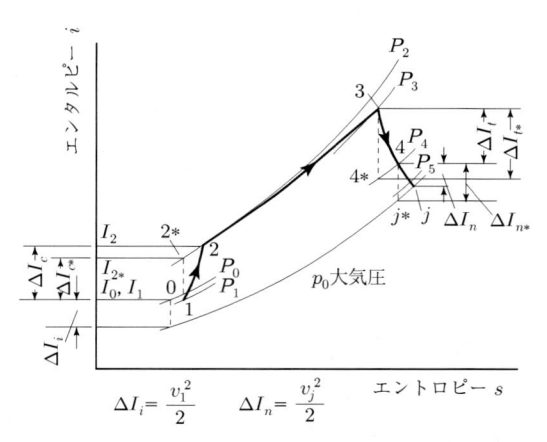

図 4.13 ジェットエンジンの i–s 線図

大気状態 p_0，t_0，機体マッハ数 M でエンジン圧力比 r，タービン入口温度 T_3 とする．なお，出口ノズルは亜音速型の先細ノズルとする．空気取入れ口 (エンジン入口) の全圧，全温は式 (4.52) より，圧縮機入口の全圧は損失を考えて式 (4.53) より求める．

圧縮機の代表比熱を c_p，圧縮機効率を η_c とすると，圧縮機出口の全圧 P_2 は式 (3.4) より，

$$P_2 = rP_1 \tag{4.54}$$

となり，出口全温は式 (3.10) より，

$$T_2 = T_1 \left(1 + \frac{r^{\frac{k-1}{k}} - 1}{\eta_c}\right) \tag{4.55}$$

となる．

燃焼器の全圧損失係数を ε' とすると，タービン入口全圧 P_3 は，

$$P_3 = P_2(1 - \varepsilon')$$

となる．燃焼効率を η_b，燃料の低発熱量を h として，式 (4.23) より，燃空費 f

が求められる.

ジェットエンジンのタービン出力は,圧縮機入力と補機動力(燃料ポンプなど),および摩擦損失動力を発生すればよい.圧縮機入力と比べると,ほかの動力は小さいので,これをタービン出力の見掛けの機械損失として,機械効率 η_m を導入する.タービンの発生仕事 w_t と圧縮機の必要仕事 w_c のつりあいは,次のようになる.

$$\eta_m(1+f)w_t = w_c \tag{4.56}$$

機械効率 η_m は 97〜98%,燃空比 f は 1〜2%であるから,近似的に,

$$w_t = w_c \tag{4.57}$$

としてもよい.タービンでの代表比熱 c'_p,比熱比 k' とし,タービン出口全温を T_4 とすると,式 (4.57) より T_4 は,

$$c_p(T_2 - T_1) \cong c'_p(T_3 - T_4)$$
$$T_4 \cong T_3 - \frac{c_p}{c'_p}(T_2 - T_1) \tag{4.58}$$

と求められる.出口全圧 P_4 は,タービン効率を η_t として,式 (3.19) より,

$$P_4 = P_3 \left[\frac{1}{\eta_t}\left(\frac{T_4}{T_3} - 1\right) + 1\right]^{\frac{k'}{k'-1}} \tag{4.59}$$

となる.ノズルでは,P_4, T_4 よりノズル背圧の大気圧力 $p_j (= p_0)$ まで膨張する.ノズル効率を η_n とすると,ノズルよりの噴出速度 v_5 は式 (3.30) より,次のように求められる.なお,添字 5 は図 4.13 の点 j に対応する.

$$v_5 = \sqrt{\eta_n 2 c'_p T_4 \left[1 - \left(\frac{P_4}{p_j}\right)^{\frac{1-k'}{k'}}\right]} \tag{4.60}$$

または,エンタルピードロップ ΔI_n を用いて,

$$v_5 = \sqrt{\eta_n 2\Delta I_{n*}} = \sqrt{2\Delta I_n} \tag{4.61}$$

としても同様である.

ターボジェットの正味スラストは,機体の速度を v_1 として,式 (4.36) より,

$$F = \dot{m}_1(1+f)v_5 - \dot{m}_1 v_1 + (p_5 - p_0)A \tag{4.62}$$

となる．式 (4.60) により，ノズル入口温度 T_4 が高いほど v_5 が大きくなることがわかる．

ノズルがチョークしているときには，式 (4.61) の p_j は式 (2.42) で求められる p_t となる．このときのノズル出口速度は，

$$v_5 = \sqrt{\eta_n \frac{2k'}{k'+1} RT_4} \qquad (4.63)$$

となる．

【数値例 4.2】 高度 8000 m ($p_0 = 0.0355$ MPa, $t_0 = -37.0°$C)，機体マッハ数 0.85 で飛んでいるジェット機がある．エンジン圧力比 $r = 9.5$，タービン入口温度 $T_3 = 900°$C，空気流量 80 kg/s のエンジン性能を求めよ．ただし，全圧損失係数を空気の取り入れ口 $\varepsilon = 5\%$，燃焼器 $\varepsilon' = 5\%$ とする．また，$\eta_c = 82\%$，$\eta_t = 85\%$，$\eta_b = 94\%$，$\eta_m = 98\%$，$\eta_n = 90\%$，燃料の低発熱量 $h = 43100$ kJ/kg とする．ノズルは先細ノズルとする．比熱は圧縮機で $c_{pl} = 1.004$ kJ/kgK，タービンで $c_{ph} = 1.155$ kJ/kgK，比熱比は圧縮機で $k = 1.40$，タービン部で $k' = 1.33$ とする．空気のガス定数 $R = 287.0$ J/kgK である．

解 各点の位置は図 4.13 を参照．

大気圧：$p_0 = 0.0355$ MPa，大気温：$t_0 = 236.2$ K
音速：

$$a = \sqrt{kRt_0} = \sqrt{1.4 \times 287.0 \times 236.2} = 308.1 \text{ m/s}$$

機体速度：$v_1 = M \times 308.1 = 261.8$ m/s

ポイント 0　全圧；$P_0 = p_0 [1 + 0.2 \times 0.85^2]^{3.5} = 0.0569$ MPa
　　　　　全温；$T_0 = t_0 (1 + 0.2 \times 0.85^2) = 270.3$ K

ポイント 1　圧縮機入口：
　　　　　入口全圧；$P_1 = P_0 (1 - \varepsilon) = 0.0569 \times (1 - 0.05) = 0.0540$ MPa
　　　　　入口全温；$T_1 = T_0 = 270.3$ K
　　　　　入口エンタルピー；$I_1 = c_{pl} T_1 = 1.004 \times 270.3 = 271.3$ kJ/kg

ポイント 2　圧縮機出口：
　　　　　等エントロピー出口全温；

$$T_{2*} = T_1 \left(\frac{P_1}{P_2}\right)^{\frac{1-k}{k}} = 270.3 \left(\frac{1}{9.5}\right)^{-0.2857} = 514.2 \text{ K}$$

　　　　　等エントロピー出口エンタルピー；

$$I_{2*} = c_{pl} T_{2*} = 1.004 \times 514.2 \text{ K} = 516.2 \text{kJ/kg}$$

64 4. エンジンサイクル

同エンタルピー差；$\Delta I_{c*} = I_{2*} - I_1 = 516.2 - 271.3 = 244.9$ kJ/kg

実際のエンタルピー差；$\Delta I_c = \Delta I_{c*}/\eta_c = 244.9/0.82 = 298.6$ kJ/kg

エンタルピー；$\quad I_2 = I_1 + \Delta I_c = 271.3 + 298.6 = 569.9$ kJ/kg

全 温；$\quad T_2 = I_2/c_{pl} = 569.9/1.004 = 567.6$ K

この全温は，式 (4.55) から直接求めてもよい．

全 圧；$\quad P_2 = P_1 \times 9.5 = 0.0540 \times 9.5 = 0.513$ MPa

ポイント 3　燃焼器出口：

全温；題意より，$T_3 = 900.0 + 273.2 = 1173.2$ K

燃空比；$\quad f = c_{\text{pav}}(T_3 - T_2)/\eta_b h$

$$= 1.150 \times (1173.2 - 567.6)/(0.94 \times 43100) = 0.0171$$

ここで，c_{pav} は T_2 と T_3 の平均温度における値を図 2.1 より採用した．

エンタルピー；$I_3 = c_{ph}T_3 = 1.155 \times 1173.2 = 1355.0$ kJ/kg

全 圧；$\quad P_3 = P_2(1-\varepsilon') = 0.513 \times (1-0.05) = 0.487$ MPa

タービン仕事：

タービン効率が与えられているため，タービン仕事の釣り合い条件より，タービン出口の諸量を求める．

タービンの仕事は仕事の釣り合い条件式 (4.57) より，

$$\Delta I_t = \Delta I_c/((1+f)\eta_m) = 298.6/((1+0.0171)\times 0.98) = 299.5 \text{ kJ/kg}$$

ポイント 4　タービン出口：

エンタルピー；$\quad I_4 = I_3 - \Delta I_t = 1355.0 - 299.5 = 1055.5$ kJ/kg

出口全温；$\quad T_4 = I_4/c_{ph} = 1055.5/1.155 = 913.5$ K

等エントロピー膨張仕事；$\Delta I_{t*} = \Delta I_t/\eta_t = 299.5/0.85 = 352.3$ kJ/kg

このときのエンタルピー；

$$I_{4*} = I_3 - \Delta I_{t*} = 1355.0 - 352.3 = 1002.7 \text{ kJ/kg}$$

このときの出口全温；$T_{4*} = \dfrac{I_{4*}}{c_{ph}} = \dfrac{1002.7}{1.155} = 868.1$ K

出口全圧；

$$P_4 = P_3\left(\frac{T_3}{T_{4*}}\right)^{\frac{k'}{1-k'}} = 0.487 \times \left(\frac{1173.2}{868.1}\right)^{\frac{1.33}{1-1.33}} = 0.145 \text{ MPa}$$

P_4 は式 (4.59) で求めても同じ値が得られる．

ポイント 5　大　気：

上で求めた P_4，T_4 より，大気圧 p_0 まで膨張すると考えて，式 (4.61) のエンタルピー落差より噴出速度 v_j を求める．

等エントロピー膨張出口静温；$T_{j*} = T_4(P_4/p_0)^{\frac{1-k'}{k'}} = 644.4$ K

出口エンタルピー；$i_{j*} = c_{ph}T_{j*} = 744.2$ kJ/kg

このときのエンタルピー落差；

$\Delta I_{n*} = I_4 - i_{j*} = 1055.5 - 744.2 = 311.4$ kJ/kg

実際のエンタルピー落差；

$\Delta I_n = \eta_n \Delta I_{n*} = 0.90 \times 311.4 = 280.2$ kJ/kg

したがって＜噴出速度 v_j は，

$$v_j = \sqrt{2\Delta I_n} = \sqrt{2 \times 280.2 \times 10^3} = 748.5 \text{ m/s}$$

この噴出速度は，式 (4.60) を用いても同じ値が得られる．

ポイント6　推　力：

グロス推力；

$F_g = \dot{m}_1(1+f)v_j = 80.0 \times (1+0.0171) \times 748.5 = 60903.9$ N

流量は燃料流量を省略していないことに注意．

ラム抗力；$F_r = \dot{m}_1 v_1 = 80.0 \times 261.8 = 20944.0$ N

正味推力；$F = F_g - F_r = 60903.9 - 20944.0 = 39959.9$ N

ポイント7　燃料消費率その他：

燃料消費率；

$$tsfc = \frac{\dot{m}_f}{F} = \frac{\dot{m}_1 f}{F} = \frac{80.0 \times 0.0171}{39959.9} = 34.2 \text{ mg/Ns}$$

熱効率；

$$\eta_{th} = \frac{v_j^2 - v_1^2}{2fh} = \frac{748.5^2 - 261.8^2}{2 \times 0.0171 \times 43100 \times 10^3} = 0.333$$

推進効率；$\eta_p = \dfrac{2v_1}{v_1 + v_j} = \dfrac{2 \times 261.8}{261.8 + 748.5} = 0.518$

全効率；$\eta_0 = \eta_{th}\eta_p = 0.333 \times 0.518 = 0.172$

ノズル出口速度(噴射速度)は，上記のようにエンタルピー落差より求め，ノズルの物理的出口における p_5 を考慮しなかったが，実際の速度 v_5 をチョーク条件(ノズル入口圧力 $P_4 = 0.145$ MPa であるから，背圧を考えればノズル出口でチョークする)より求め，推力はノズル出口の圧力の修正を行って求めることもできる(例題 4.2 参照)．

4.7　ターボファンの性能

ターボファンの空気流量は，図 4.14 のようにガスタービン本体(いわゆるガスジェネレータ)を通る流量 $\dot{m}_g$，ファンのみを通る流量 $\dot{m}_f$ とに二分される．

66　4. エンジンサイクル

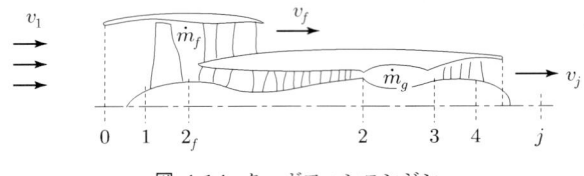

図 4.14　ターボファンエンジン

$\dot{m}_f$ をバイパス流量とよび，本体流量との比をバイパス比 β という．

$$\beta = \frac{\dot{m}_f}{\dot{m}_g} \tag{4.64}$$

$$\dot{m} = \dot{m}_g + \dot{m}_f = \dot{m}_g(1+\beta) \tag{4.65}$$

ファンエンジンの場合には，ファン後流およびタービン後流が推力を発生し，その合計がファンエンジンのグロス推力となる．ファンエンジンのラム抗力は，全空気流量と機速で定まる．正味推力は，グロス推力とラム抗力との差となる．

　ターボファンエンジンのサイクルを図 4.15 に示す．エンジンの入口，出口の添字は，ターボジェットエンジンの図と同じとする．2_f のみファンの出口を表している．本体 (ガスジェネレータ) を通る流量 $\dot{m}_g$ は，ターボジェットと同じサイクルを描く．バイパス流量 $\dot{m}_f$ は，ファン出口まで全圧が上昇し，その後，ノズルで絞られて大気静圧まで降下膨張する．

　各要素の効率，圧力損失の記号は，ターボジェットの場合と同様とする．た

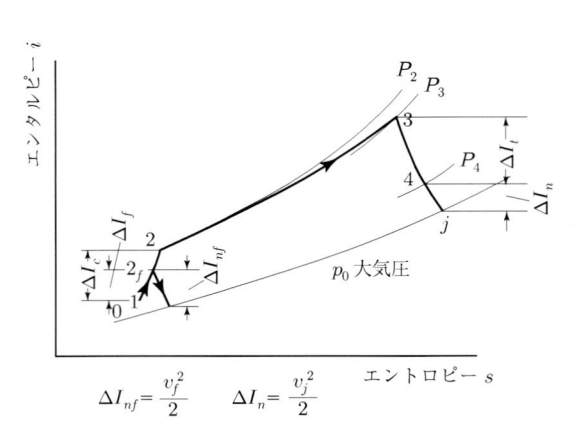

$$\Delta I_{nf} = \frac{v_f^2}{2} \qquad \Delta I_n = \frac{v_j^2}{2}$$

図 4.15　ファンエンジンの i–s 線図

だし，ファンの圧力比 (総圧比) を r_f，本体を通る流量に関するファンおよび圧縮機の圧力比 (総圧比) を r_c，ファンの等エントロピー効率を η_f，本体側のファンおよび圧縮機の等エントロピー効率を η_c とする．タービン出力と，圧縮機およびファンの吸収動力のつりあいは，エンタルピーを用いて，次のように表される．

$$\dot{m}_g(I_2 - I_1) + \dot{m}_f(I_{2f} - I_1) = \eta_m(1+f)(I_3 - I_4)\dot{m}_g \tag{4.66}$$

バイパス比 β を用いると，

$$(I_2 - I_1) + \beta(I_{2f} - I_1) = \eta_m(1+f)(I_3 - I_4) \tag{4.67}$$

となる．ここで，η_m は機械効率である．あるいは，圧縮機側の比熱および比熱比を c_p, k，タービン側で c'_p, k' とし，タービン圧力降下を r_t とすると，上式は次のように書き換えられる．

$$\frac{c_p T_1(r_c^{\frac{k-1}{k}} - 1)}{\eta_c} + \frac{\beta c_p T_1(r_f^{\frac{k-1}{k}} - 1)}{\eta_f} = \eta_m(1+f)c'_p T_3(1 - r_t^{\frac{1-k'}{k'}})\eta_t \tag{4.68}$$

以上より，圧縮機，ファンの圧力比，バイパス比が与えられたとき，各要素の効率が定まると，タービンの温度と圧力比の関係を求めることができる．

本体の噴流 v_j は，タービン出口状態およびノズル効率 η_n を用いて，式 (4.61) より求められる．また，ファンの噴流 v_f は，ファン出口状態 (P_{2f}, T_{2f}) とファンノズル効率 η_{fn} を用いて計算する．いずれの場合も，背圧は大気静圧 p_0 である．

噴流 v_j, v_f が求まると，ターボファンの正味推力は，本体流およびファン流が発生する推力の和として計算できる．

$$F = \dot{m}_g[(1+f)v_j - v_1] + \dot{m}_f(v_f - v_1) \tag{4.69}$$

$$= \dot{m}_g(1+\beta)\left[\frac{1+f}{1+\beta}v_j + \frac{\beta}{1+\beta}v_f - v_1\right] \tag{4.70}$$

f は燃空費で無視しても影響は少ない．バイパス比 β がゼロのときは，ターボジェットと一致する．

例題 4.1 燃焼器と排気ノズルに，圧力損失がある場合の熱効率を求める式を導け．

解 熱効率 η_{th} を求めた式 (4.16) では，圧縮機とタービンの圧力比を等しいとして導いたが，ここでは，両圧力比が異なるとして導く必要がある．θ を圧縮機等エントロピー圧縮温度比，θ_t をタービンの等エントロピー膨張温度比とすると，熱効率は，

$$\eta_{th} = \frac{\Delta I_w}{\Delta I_b} = \frac{\Delta I_t - \Delta I_c}{\Delta I_b}$$
$$= \frac{c_p T_1 \tau (1 - \theta_t^{-1})\eta_t - c_p T_1 (\theta - 1)/\eta_c}{c_p T_1 (\tau - 1 - (\theta - 1)/\eta_c)}$$

となる．ここで，

$$r_t = r\left[1 - (\varepsilon' + \varepsilon'')\right] = \alpha r$$

とおく．そうすると，

$$\theta_t = \theta \alpha^{-\frac{k-1}{k}}$$

となるから，η_{th} の式に入れて，

$$\eta_{th} = \frac{\tau \eta_t \eta_c \left[1 - (\alpha^{\frac{k-1}{k}} \theta)^{-1}\right] - (\theta - 1)}{\eta_c \tau - \eta_c - \theta + 1} \tag{1}$$

となる．たとえば，10%の圧力損失がある場合には，$\alpha = 0.9$ より $\theta_t = 0.970\theta$ となる．図 4.7 はこのようにして求めたものである．

例題 4.2 数値例 4.2 のジェットエンジンの推力を，ノズル出口でチョークしているとして求めよ．

解 ノズル臨界圧力を，式 (2.42) より求める．

$$p_t = P_4 \left(\frac{2}{k'+1}\right)^{\frac{k'}{(k'-1)}} = 0.145 \times \left(\frac{2}{1.33+1}\right)^{\frac{1.33}{0.33}} = 0.0783 \text{ MPa}$$

ノズル背圧は大気圧 $p_0 = 0.0355$ MPa であるから，ノズルはチョークしている．このときのノズルからの噴出速度は，式 (4.63) から，

$$v_5 = \sqrt{\eta_n \frac{2k'}{k'+1} RT_4} = \sqrt{0.90 \times \frac{2 \times 1.33}{1.33+1} \times 287.0 \times 913.5} = 519.0 \text{ m/s}$$

となる．流量 80.0 kg/s であるから，これより，例題 2.3 の結果にノズル面積修正係数 ε_n を掛けた式を使い，ノズル出口面積 A を求める．

4.7 ターボファンの性能

$$\dot{m} = \frac{\varepsilon_n A P_0 \sqrt{\dfrac{k'}{RT_0}}}{\sqrt{\left(\dfrac{k'+1}{2}\right)^{\frac{k'+1}{k'-1}}}}$$

$$80.0 \times (1+0.0171) = \frac{0.948 \times A \times 0.145 \times 10^6 \times \sqrt{\dfrac{1.33}{287.0 \times 913.5}}}{\sqrt{\left(\dfrac{2.33}{2}\right)^{\frac{2.33}{0.33}}}}$$

これより，$A = 0.450 \text{ m}^2$．

推力は式 (4.62) より求める．

$$\begin{aligned}
F &= \dot{m}_1(1+f)v_5 - \dot{m}_1 v_1 + (p_5 - p_0)A \\
&= 80.0 \times (1+0.0171) \times 519.0 - 80.0 \times 261.8 \\
&\quad + (0.0783 - 0.0355) \times 10^6 \times 0.450 = 40545.9 \text{ N}
\end{aligned}$$

この結果は，数値例 4.2 の 39959.9N より約 1.4 ％大きい．面積の修正係数の差によるものと考えられるが，どちらの方法でも求めることができることがわかる．

5 ジェットエンジン要素の空力設計

本章では,ジェットエンジンの主要なコンポーネント,すなわち空気取り入れ口,圧縮機,タービンおよび燃焼器の空力設計手法について述べる.前の章までは,ジェットエンジンをエネルギー(エンタルピー)のやりとりで考えてきたが,本章では,それらを実現する具体的手法について述べる.

5.1 空気取り入れ口(インテーク)の空気力学

インテークにおいて,空気は流体力学的圧縮を受けるが,その程度は,流入する空気のマッハ数とインテークの断面積により異なる.

ジェットエンジンの話だけをすればよいときには,空気取り入れ口は機体側の問題といえなくもない.しかし,近年のように機体が高性能になってくると,機体,エンジンの境目がきわめてあいまいになってくる.とくに空気取り入れ口はエンジン推力の一部を受けもつものであり,この部分は,機体,エンジン両者の協力が大切な部分となってくる.

(1) インテークの種類

図 5.1 に,亜音速タイプの空気取り入れ口の作動状態を示す.図 (a) は通常の飛行状態であり,図に示すように,取り入れ口の外面には矢印のような空気力が働き,その前進方向の成分が推力となる.図 (b) は離昇時のように機体速度が遅く,ジェットエンジンの流量の多い場合であり,図 (c) は静止してエンジンを運転しているときの流れである.いずれの場合も,取り入れ口に働く空気力が推力の源であるから,その流れは剥離のような損失の生じないものでなければならない.

図 5.1 のような,取り入れ口で超音速飛行を行おうとすると,都合の悪いことがある.それは,取り入れ口前方に衝撃波(垂直衝撃波)ができ,流れがこの

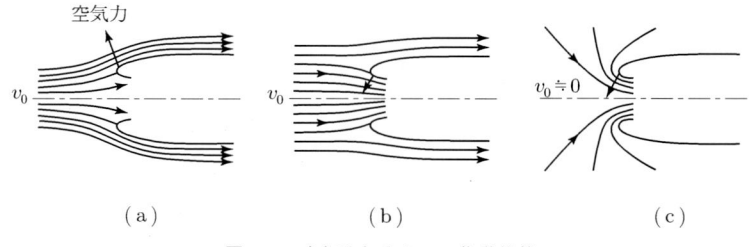

図 5.1 空気取り入れ口の作動状態

衝撃波を通るときに大きな損失を受けるからである．このため，超音速用の取り入れ口を用いなければならない．現在，使われている超音速空気取り入れ口は，大別すると 2 種類になる．図 5.2(a) に示す外部圧縮型，および図 (b) に示す内部圧縮型である．外部圧縮型は，図に示すように斜めの衝撃波と垂直衝撃波とを組み合わせた型を基本とし，斜めの衝撃波の多いもの (右上)，無限に多いもの (左下) などがある．このように，斜めの衝撃波を利用し，しかもその数が多いほど損失が少なくてすむ (しかし，衝撃波が多いと内部の境界層が剥離しやすく，案外得にならないといわれている)．

内部圧縮型は，図 (b) のようにラバールノズルを逆にしたような形で多く使われている．ただし，この形状は，始動，すなわち正規の作動状態にもっていくまで手順が必要であり，取り入れ口の形を可変にしたり，または入口から最小断面積までの壁を有孔壁にするなどの工夫がいる．

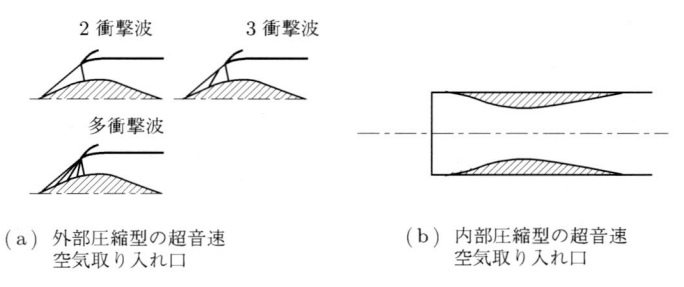

(a) 外部圧縮型の超音速空気取り入れ口

(b) 内部圧縮型の超音速空気取り入れ口

図 5.2 超音速空気取り入れ口

(2) 全圧損失

エンジン気流は，航空機前方の自由流の状態からエンジン入口で減速され，エンジンから要求される状態になる．このとき，図 5.3 の左側に示された亜音速空気取り入れ口においては，流れは滑らかに減速される．また，右側に示された超音速空気取り入れ口においては，気流は衝撃波を通って減速され，さらにひろがり通路で減速される．

亜音速空気取り入れ口では，壁面の粘性が境界層を発達させる．境界層では，粘性により全圧損失が起こっており，これが非粘性の中心部の流れと混合すると，全圧が平均的に自由流の値 p_{to} からいくぶん減少する．エンジン入口におけるこの平均全圧 p_{t1} の自由流の値との比を，ディフューザの圧力回復係数とよび，π_d と記す．

$$\pi_d = \frac{p_{t1}}{p_{to}} \tag{5.1}$$

超音速のときには，この粘性による損失のほかに，衝撃波によりさらに全圧損失が起こる．この損失は入口マッハ数 M_0 とともに著しい変化を示し，M_0 が 2 以上ではディフューザの圧力損失のほとんどを占める．

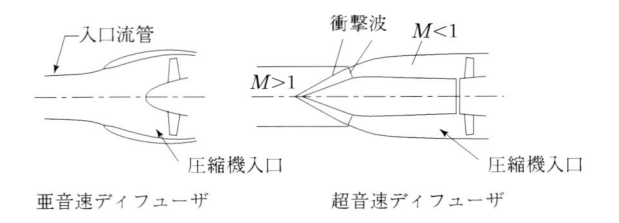

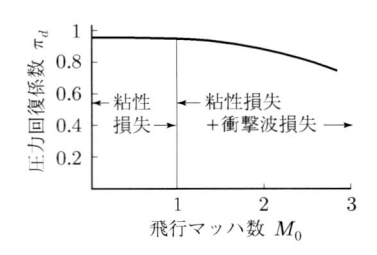

図 **5.3** ディフューザ全圧回復圧力と飛行マッハ数に対する変化

これらの圧力回復係数は，すでに各種機関により与えられており，JIS の計算式および図を図 5.4 に示す．

$$\frac{p_{t1}}{p_{t0}} = 1.0 \qquad \text{(マッハ数 0～1.0)}$$

$$\frac{p_{t1}}{p_{t0}} = 1.0 - 0.075(M_0 - 1)^{1.35} \qquad \text{(マッハ数 1.0～5.0)}$$

$$\frac{p_{t1}}{p_{t0}} = \frac{800}{M_0^4 + 935} \qquad \text{(マッハ数 5.0 以上)} \tag{5.2}$$

ここで，インテーク上流の空気の全圧を p_{t0} とし，飛行マッハ数および圧縮機入口全圧を M_0，p_{t1} としている．図には，垂直衝撃波の場合と運動エネルギー効率 97% の場合も示されている．運動エネルギー効率については，第 8 章で説明する．

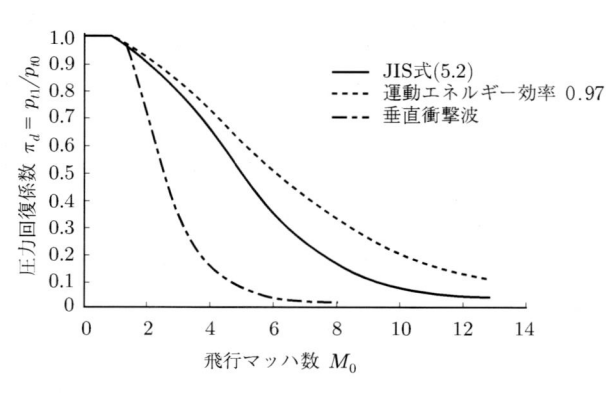

図 5.4 ディフューザ圧力回復係数

5.2 軸流圧縮機の空気力学

圧縮機の設計は，二つのかなり違ったレベルで実施されている．第一のレベルは，圧縮機を通る全体的な流れの理解のもとに，通り抜け流れと翼間流れの近似として知られる方法で，1960 年代後半まで十分に実用されていた．このような圧縮機空気力学の見方を正しく理解することは，いまでも圧縮機の全体的な設計にとって基本的なものである．第二のレベルは，計算機や実験技法の登場とともに 1970 年代に進展し始めた．計算流体力学，レーザー流速計，高周波数

応答圧力変換器や各種実験機が最新の圧縮機設計に用いられ，効果を上げている．この第二の方法の概略でも与えることは，本書の範囲を超えているので，ここでは，第一の方法について述べるにとどめる．

圧縮機には，二つの形式が広くジェットエンジンに使われてきた．軸流型と遠心型である．軸流型では，空気は主としてエンジン回転軸に平行に流れ，遠心型では，空気は圧縮機ローターのなかで，軸方向から半径方向に曲げられる．軸流圧縮機は大流量，高効率の可能性があり，航空用ジェットエンジンに広く用いられている．本節での議論は，主としてこの軸流圧縮機に関するものである．遠心圧縮機は小型の航空用エンジンや産業用，および車のターボチャージャーとして使われ，最近は以前より注目されている．その設計の概要は，5.3節で述べる．

（1） オイラーの方程式

翼列内部の圧力分布が与えられれば，それを時間について積分すると圧縮機の温度比や圧力比を計算することができる．しかし，エネルギーの伝達過程をながめるだけならば，もっと簡便な方法がある．図5.5に示すように，翼列の上流と下流に検査面を取り，この面を通過する流れは定常であるとする．この仮定は，面が翼端の影響のない十分上流，十分下流にあれば近似的に正しい．こうすることにより上流面で翼列に入り，下流面で翼列から流出する流管を特定でき，この流管について，①全流体のエネルギー，②翼の運動方向の運動量保存則，を適用する．

$\dot{m}$ を流管内の質量流量とすると，エネルギーの保存則式 (2.19) から，位置のエネルギーを省略すると，

$$\dot{m}\left(i_2 + \frac{q_2^2}{2} - i_1 - \frac{q_1^2}{2}\right) = P \tag{5.3}$$

となる．ここで，q は流管内の流線方向の速度であり，i は流体のもつエンタルピー，P は翼によって流管内流体に供給される仕事である．上流流管から検査体積内に流入する運動量変化と下流流管から流出する運動量変化の差と，動翼内で流管あたりに作用する力 F は等しいから，

$$\dot{m}(v_2 - v_1) = F \tag{5.4}$$

5.2 軸流圧縮機の空気力学

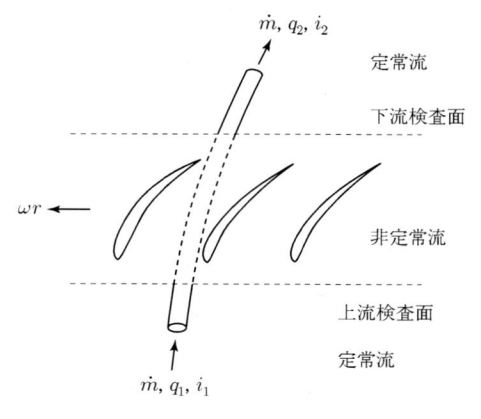

図 5.5 二次元動翼

となる．ここで，v は流体の動翼運動方向の速度である．ωr を翼の速度とすると，$P = F\omega r$ であるから，

$$\left(i_2 + \frac{q_2^2}{2}\right) - \left(i_1 + \frac{q_1^2}{2}\right) = \omega r(v_2 - v_1) \tag{5.5}$$

となる．

この式を一般化する．上流の平均半径 r_1 での周方向速度を v_1，下流の平均半径 r_2 での周方向速度を v_2 とする．エネルギー式は不変であるが，運動量の釣り合いは，角運動量の釣り合いに置き換えられる．T を流体によるトルクとすると，

$$\dot{m}(r_2 v_2 - r_1 v_1) = T \tag{5.6}$$

である．$P = \omega T$ であるから，式 (5.6) は，次式のように表される．

$$\left(i_2 + \frac{q_2^2}{2}\right) - \left(i_1 + \frac{q_1^2}{2}\right) = \omega(r_2 v_2 - r_1 v_1) \tag{5.7}$$

これが有名なオイラーのタービン方程式である．流体と圧縮機動翼の相互作用によって，流管内の流体の全エンタルピーがどのように変化するかを表す，エネルギー方程式である．

ここで，$c_p T_t = i + q^2/2$ とおくと，完全ガスに対して式 (5.7) は，

$$c_p(T_{t2} - T_{t1}) = \omega(r_2 v_2 - r_1 v_1) \tag{5.8}$$

と簡便な形に表すことができる．ここで，T_t は全温を表す．

非圧縮性流体のときには，$i = e + p/\rho$ において内部エネルギー e は圧力によって影響されないから，全エンタルピーの変化は圧力の変化によるものだけとなる．したがって，オイラーの式 (5.7) は，

$$\left(e_2 + \frac{p_2}{\rho} + \frac{q_2^2}{2}\right) - \left(e_1 + \frac{p_1}{\rho} + \frac{q_1^2}{2}\right) = \omega(r_2 v_2 - r_1 v_1) \quad (5.9)$$

となる．したがって，

$$\frac{p_{t2} - p_{t1}}{\rho} = \omega(r_2 v_2 - r_1 v_1) \tag{5.10}$$

となり，水ポンプのような非圧縮性流体に適用できる．ただし，p_t は全圧である．ρ は比圧縮であるから，この場合一定である．

（2）　**半径平衡流れ**

流れが圧縮機翼列を通過するとき，その周方向速度が変化する．周方向速の変化は，一般に遠心力の不つりあいを引き起こし，それが流体の半径方向の加速度につながる．図 5.6 のような流管を考えると，これは流管が翼列を通過するとき，半径方向に移動する傾向があることを意味する．翼列で誘起される半径方向加速度は，翼列から十分離れた上流や下流では消滅するので，流管は翼列の中である平衡位置にあるものと期待される．

以下，圧縮機翼内の流体の半径方向の平衡方程式を導く．まず，r_1，r_2 を上流，下流における流管の平衡位置とすると，三次元のオイラー方程式は，

$$c_p T_2 + \frac{1}{2}(u_2^2 + v_2^2 + w_2^2) - c_p T_1 - \frac{1}{2}(u_1^2 + v_1^2 + w_1^2) = \omega(r_2 v_2 - r_1 v_1) \quad (5.11)$$

となる．各流体要素の遠心力は，半径方向の圧力勾配によって相殺されなければならないので，各位置で，

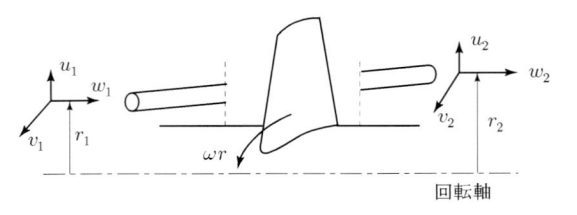

図 **5.6**　翼列上の座標系

$$\frac{dp}{dr} = \frac{\rho v^2}{r} \tag{5.12}$$

でなければならない．流管に沿う流れが等エントロピー的であれば，T は $p^{(k-1)/k}$ に比例するから，

$$\frac{1}{T}\frac{dT}{dr} = \frac{k-1}{k}\frac{1}{p}\frac{dp}{dr} = \frac{k-1}{k}\frac{1}{p}\frac{\rho v^2}{r} = \frac{k-1}{k}\frac{v^2}{rRT} \tag{5.13}$$

となる．式 (5.11) を r について微分し，半径方向速度 u が他の速度成分より小さいので省略すると，

$$c_p\frac{dT_2}{dr} + \frac{1}{2}\left(2v_2\frac{dv_2}{dr} + 2w_2\frac{dw_2}{dr}\right) - c_p\frac{dT_1}{dr}$$
$$- \frac{1}{2}\left(2v_1\frac{dv_1}{dr} + 2w_1\frac{dw_1}{dr}\right) = \omega\left(\frac{d(r_2v_2)}{dr} - \frac{d(r_1v_1)}{dr}\right) \tag{5.14}$$

となる．ここで，式 (5.13) より，

$$c_p\frac{dT}{dr} = \frac{k}{k-1}R\frac{dT}{dr} = \frac{k}{k-1}RT\frac{k-1}{k}\frac{v^2}{rRT} = \frac{v^2}{r} \tag{5.15}$$

であるから，式 (5.14) に入れて，

$$\frac{v_2^2}{r} + v_2\frac{dv_2}{dr} + w_2\frac{dw_2}{dr} - \frac{v_1^2}{r} - v_1\frac{dv_1}{dr} - w_1\frac{dw_1}{dr}$$
$$= \omega\left(\frac{d(r_2v_2)}{dr} - \frac{d(r_1v_1)}{dr}\right)$$

となり，これより，

$$w_2\frac{dw_2}{dr} - w_1\frac{dw_1}{dr} = \left(\frac{v_1}{r} - \omega\right)\frac{d(r_1v_1)}{dr} - \left(\frac{v_2}{r} - \omega\right)\frac{d(r_2v_2)}{dr} \tag{5.16}$$

として，半径方向の平衡流れの式が得られる．これにより，入口と出口の周方向速度 v_1，v_2 の r 方向分布を決めると，軸方向速度 w_1，w_2 の r 方向分布を計算することができる．

(3) 循環一定の段

式 (5.16) を用いて，軸流圧縮機翼の速度三角形，ひねりやその他のパラメータを圧縮機翼の高さに沿って決定していくことになるが，ここではその一例として，循環一定の段 (動翼と静翼の組合せを段という) について述べる．これは，翼列の前および後ろの空気の流れに渦が無いとの仮定から求められるものである．

渦なし流れの誘導は，空気力学の教科書を参照してもらうとして，ここではその結論のみを採用する．すなわち，渦なし流れの条件は，以下のように表される．

$$w = r \text{ 方向に一定}, \quad vr = \text{一定} \tag{5.17}$$

この条件は，翼車軸に垂直な平面上にあって，この軸を含んだ任意の閉曲線に沿っての循環が一定であることに相当し，循環一定または自由渦 (free vortex) の条件とよばれる．

この $vr = $ 一定の条件を，式 (5.16) に代入すると，

$$\frac{d(v_1 r_1)}{dr} = 0, \quad \frac{d(v_2 r_2)}{dr} = 0$$

となるので，

$$w_2 \left(\frac{dw_2}{dr}\right) - w_1 \left(\frac{dw_1}{dr}\right) = 0 \quad \text{あるいは}, \quad w_2^2 - w_1^2 = \text{一定} \tag{5.18}$$

となり，軸方向速度は定数だけ変化する．その程度は，単位面積当たり動翼に流入する空気容積による．なお，w の r 方向分布は一定である．

以下に，この循環一定の条件で，圧縮機翼を設計する手法について説明し，あわせて数値例を示す．まず，圧縮機段の速度三角形を，図 5.7 のように約束するものとする．すなわち，流線方向の絶対速度を c で表し，相対速度を w とし，周方向の成分には u，流線方向 (軸方向) 成分には a の添字をつける．なお，入口には 1 の，出口には 2 の添字を付けるので，c_{1u} は流線方向絶対速度の入口周方向成分を表す．

翼車の回転に消費される流量 1 kg 当りの仕事を L_{st} とすると，式 (5.5) より，

$$L_{st} = \omega r (c_{2u} - c_{1u}) \tag{5.19}$$

と表される．この式から，いま考えているケース (自由渦) の場合は，

$$L_{st} = \omega (rc_{2u} - rc_{1u}) = \text{一定} \tag{5.20}$$

となる．すなわち，動翼はすべての半径において等しいエネルギーを空気に伝える．

以上で得られた関係式を用いて，速度三角形，ひねり係数，反動度，その他

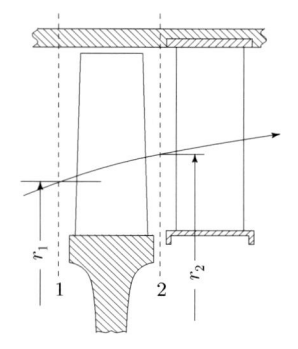

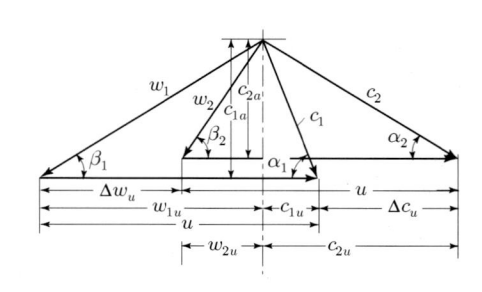

図 5.7 段の速度三角形の符号

のパラメータの圧縮機翼の高さに沿っての変化を，容易に決定することができる．ここで，ひねりおよびひねり係数は，

ひねり： $\quad \Delta w_u = w_{1u} - w_{2u} = c_{2u} - c_{1u} = \Delta c_u \quad$ (5.21)

ひねり係数： $\quad \mu = \dfrac{\Delta w_u}{u} \quad$ (5.22)

で定義される (図 5.7 参照)．

Δw_{um}, μ_m をそれぞれ平均半径におけるひねりとひねり係数とすれば，任意の半径における $\Delta w_u r$ の値は，

$$\Delta w_u r = \Delta c_u r = c_{2u} r - c_{1u} r = 一定 \quad (5.23)$$

であるから，

$$\Delta w_u = \Delta w_{um} \frac{r_m}{r} \quad (5.24)$$

となる．さらに，

$$L_{st} = \mu u^2 = 一定$$

であるから，

$$\mu = \mu_m \frac{u_m^2}{u^2} = \mu_m \left(\frac{r_m}{r}\right)^2 \quad (5.25)$$

となる．

図 5.8 に，自由渦の法則にしたがい，かつ動翼に入ってくる空気が軸方向である場合の，段の各部の圧力と周方向の速度の分布を示す．

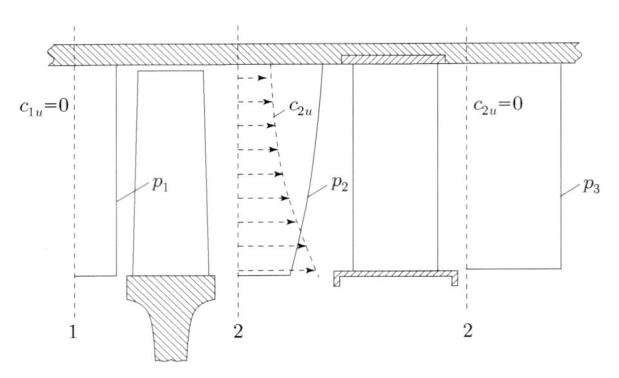

図 5.8 循環一定の段の半径方向の圧力と周方向速度の変化

この場合，動翼前の空気の回転はないものとした．したがって，流れは動翼前ですべての半径において等しい速度 (軸方向の速度のみ)，等しい圧力を有するものとする．動翼の後ろでは空気は旋回を受け，圧力は外周部で翼根部よりも大きくなる．なお，実線は圧力を，破線は c_u を表している．空気速度の軸流方向成分はいたるところで等しい．しかし，周方向速度は半径に逆比例して変化している．静翼で，空気の流れは再び軸方向にもどる．したがって静翼の後ろでは空気は再び回転しなくなり，翼の高さ全体にわたって速度と圧力は一定である．しかし，圧力は前の段より，あるいは動翼の後ろよりも上昇している．

各半径における速度三角形は，以上で述べた各関係式により，十分定めることができる．u と c_u が反比例するということを用いて，図式から決める方法もある．

半径に沿っての速度三角形の変化は，それに対応する翼断面の形状変化を与える．図 5.9 に空気が軸方向に流入し，循環一定の場合の動翼と静翼の翼根部，平均半径および外周部の速度三角形と翼断面形状を示す (翼断面の形状は，翼に重ねて表している．なお，翼断面はひねりをわかりやすくするため，平板翼としている)．

外周から翼根部に進むにしたがって，動翼の相対速度のベクトルは回転し，それに応じて翼の湾曲は連続的に大きくなってくる．と同時に，角 β_1 は増大する．その結果，翼は螺旋のように曲げられる．そして外周断面では弱く曲げ

5.2 軸流圧縮機の空気力学

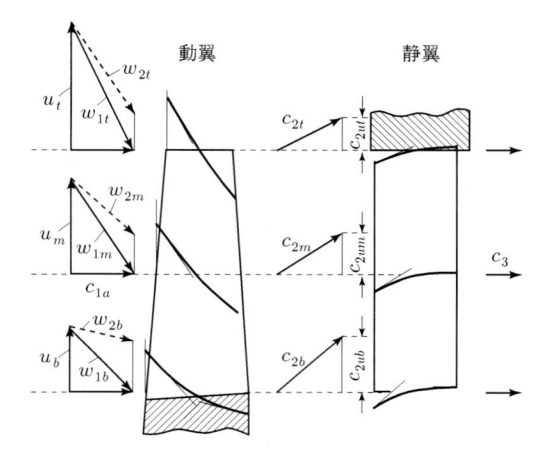

図 5.9 循環一定の段の速度三角形と翼断面

られ，ほとんど対称であるが，翼根部では強く湾曲される．

上記で誘導した関係は，翼の上下の境界である外周円環状壁面における空気の摩擦を考えていない．実際の流れでは，動翼のボス部と翼端部にある厚さの境界層があるため，上述した速度分布には，ひずみが生じるようになる．しかし，境界層の影響は，動翼の内・外径のごく近傍に限定されるため，ほかの大部分の速度分布は計算に近いものになる．

この循環一定の法則で設計された段は効率がよいため，初期のジェットエンジン，および産業用の定置式ガスタービンでは，いまでもよく用いられている．

【数値例 5.1】 軸流圧縮機の初段の速度三角形を求めよ．計算の条件は，以下のように仮定する．
 (1) 動翼入口のボス比 $B_r = 0.5$．
 (2) 動翼入口の平均半径における流入速度 $c_{1am} = 195.0$ m/s (各半径で一定)．
 (3) 外径 (チップ) における周速度 $u_t = 330.0$ m/s．
 (4) 初段の必要仕事 $L_{st} = 18200$ J/kg．
 (5) 動翼入口の流入空気の周方向成分 $c_{1u} = 0$ (各半径で一定)．
 (6) 動翼出口の軸流速度 c_{2a} は c_{1a} の 1.1 倍．

以上のほかに，自由渦の条件で設計するものとする．なお，速度三角形を図 5.10 に示す．

82 5. ジェットエンジン要素の空力設計

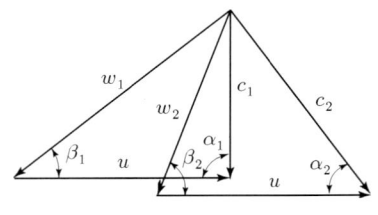

図 5.10 初段の速度三角形

解 $r' = r/r_t$ とすると，周速 $u = r'u_t$ よりボス部 ($r' = 0.5$)，平均径部 ($r' = 0.79$)，チップ部 ($r' = 1.0$) では，

$$u_b = 165.0 \text{ m/s}, \ u_m = 261.0 \text{ m/s}, \ u_t = 330.0 \text{ m/s} \text{ となる}.$$

なお，以後ボス部には b，平均径部には m，チップ部における t の添え字を付与する．流入速度 c_{1a} は，どの半径においても一定であるから，

$$c_{1ab} = 195.0 \text{ m/s}, \ c_{1am} = 195.0 \text{ m/s}, \ c_{1at} = 195.0 \text{ m/s}$$

段の仕事は，式 (5.20) より，

$$L_{st} = \omega(rc_{2u} - rc_{1u}) = 18200 \text{ J/kg} = \text{一定}$$

平均径で $u_m(c_{2um} - c_{1um}) = 18200$ J/kg であるから，

$$c_{2um} - c_{1um} = \frac{18200}{261.0} = 69.7 \text{ m/s} = \Delta w_{um}$$

ひねり Δw_u の各断面における値は，式 (5.24) より，

$$\Delta w_{ub} = \Delta w_{um} \frac{r'_m}{r'} = 69.7 \times \frac{0.79}{0.5} = 110.1 \text{ m/s}$$

$$\Delta w_{ut} = \Delta w_{um} \frac{r'_m}{r'} = 69.7 \frac{0.79}{1.0} = 55.0 \text{ m/s}$$

流入空気の旋回はないものとしたので，すべての半径で，

$$c_{1u} = 0$$

したがって，相対速度の大きさは，$w_1 = \sqrt{c_{1a}^2 + u^2}$ から各断面の u を用いて，

$$w_{1b} = 255.4 \text{ m/s}, \ w_{1m} = 325.8 \text{ m/s}, \ w_{1t} = 383.3 \text{ m/s}$$

流入空気はまっすぐ入ってくるから，

$$\alpha_1 = 90°$$

また，β_1 は $\beta_1 = \arctan \frac{c_{1a}}{u - c_{1u}}$ より各半径で ($c_{1u} = 0$ に注意)

$$\beta_{1b} = 49.7°, \ \beta_{1m} = 36.7°, \ \beta_{1t} = 30.5°$$

出口周方向速度成分は $c_{2u} = c_{1u} + \Delta w_u$ より ($c_{1u} = 0$ に注意)，

$c_{2ub} = \Delta w_{ub} = 110.1$ m/s, $c_{2um} = \Delta w_{um} = 69.7$ m/s, $c_{2ut} = \Delta w_{ut} = 55.0$ m/s
出口軸流速度 c_{2a} は $c_{1a} \times 1.1$ とし, どの半径でも一定とする.

$$c_{2a} = 1.1 \times c_{1a} = 214.5 \text{ m/s}$$

出口相対速度の流出角 β_2 は $\beta_2 = \arctan \frac{c_{2a}}{u-c_{2u}}$ より各半径で,

$$\beta_{2b} = \arctan \frac{214.5}{165.0 - 110.1} = 75.6°$$
$$\beta_{2m} = \arctan \frac{214.5}{261.0 - 69.7} = 48.2°$$
$$\beta_{2t} = \arctan \frac{214.5}{330.0 - 55.0} = 37.9°$$

したがって, ひねり角度 $\Delta\beta$ は $\Delta\beta = \beta_2 - \beta_1$ より,

$$\Delta\beta_b = 75.6° - 49.7° = 25.9°$$
$$\Delta\beta_m = 48.2° - 36.7° = 11.5°$$
$$\Delta\beta_t = 37.9° - 30.5° = 7.4°$$

となり翼根部で大きい. 絶対速度 c_2 は $c_2 = \sqrt{c_{2a}^2 + c_{2u}^2}$ より,

$$c_{2b} = 241.1 \text{ m/s}, \ c_{2m} = 225.5 \text{ m/s}, \ c_{2t} = 221.4 \text{ m/s}$$

絶対速度の流出角 α は $\alpha_2 = \arcsin \frac{c_{2a}}{c_2}$ より各半径で,

$$\alpha_{2b} = \arcsin \frac{214.5}{241.1} = 62.8°$$
$$\alpha_{2m} = \arcsin \frac{214.5}{225.6} = 72.0°$$
$$\alpha_{2t} = \arcsin \frac{214.5}{221.4} = 75.6°$$

動翼の反動度 ρ は, 動翼内の断熱仕事の段全体の断熱仕事に対する比として定義されるが, ここでは段の前後の軸流速度と周方向速度の変化が少ないとして, 次の近似式を使う.

$$\rho = 1 - \frac{c_{1u}}{u} - \frac{\Delta w_u}{2u} = 1 - \frac{\mu}{2} \tag{5.26}$$

上式を使うと ($c_{1u} = 0$ に注意)ρ は次のようになる.

$$\rho_b = 0.666, \ \rho_m = 0.866, \ \rho_t = 0.916$$

動翼出口圧力 p_2 は,

$$p_2 = p_1 + \eta_{mb} \frac{c_1^2 - c_2^2 + 2L_{st}}{2v_{mb}} \tag{5.27}$$

ここで, v_{mb} は平均比容積であるが今回は入口標準状態 (0.101 MPa, 15°C) の値を使う. η_{mb} はブレード効率で今回は 1.0 とする. 上式より圧力上昇分のみを計算すると,

$$p_{2b} = 0.0099 \text{ MPa}, \ p_{2m} = 0.0144 \text{ MPa}, \ p_{2t} = 0.0155 \text{ MPa}$$

以上の結果を表5.1にまとめる．図5.8と見比べてほしい．渦なし流れは損失が少なく，流入速度 w の半径方向の変化や，翼のねじれが大きいという特徴がある．

表 5.1 速度三角形諸量

パラメータ		ボス	平均径	チップ
$r' = r/r_t$		0.5	0.79	1.0
$u = r' \times u_t$	m/s	165.0	261.0	330.0
$\Delta w_u = \Delta w_{um} \dfrac{r'_m}{r'}$	m/s	110.1	69.7	55.0
c_{1u}	m/s	0	0	0
c_{1a}	m/s	195.0	195.0	195.0
$w_1 = \sqrt{c_{1a}^2 + u^2}$	m/s	255.4	325.8	383.3
$\alpha_1 = \arctan \dfrac{c_{1a}}{c_{1u}}$		90°	90°	90°
$\beta_1 = \arctan \dfrac{c_{1a}}{u - c_{1u}}$		49.7°	36.7°	30.5°
$c_{2u} = c_{1u} + \Delta w_u$	m/s	110.1	69.7	55.0
$c_{2a} = 1.1 \times c_{1a}$	m/s	214.5	214.5	214.5
$\beta_2 = \arctan \dfrac{c_{2a}}{u - c_{2u}}$		75.6°	48.2°	37.9°
$\Delta\beta = \beta_2 - \beta_1$		25.9°	11.5°	7.4°
$c_2 = \sqrt{c_{2u}^2 + c_{2a}^2}$	m/s	241.1	225.5	221.4
$\alpha_2 = \arcsin \dfrac{c_{2a}}{c_2}$		62.8°	72.0°	75.6°
$\rho = 1 - \dfrac{\Delta w_u}{2u} - \dfrac{c_{1u}}{u}$		0.666	0.866	0.916
$p_2 = p_1 + \eta_{mb} \dfrac{c_1^2 - c_2^2 + 2L_{st}}{2v_{mb}}$	MPa	0.0099	0.0144	0.0155
ただし圧力増分のみ．$\eta_{mb} = 1.0$				

（4） 剛体回転型の段

前項では，翼の前後で周方向速度 c_u と r の積が一定の渦なし流れのケースを検討したが，翼の高さ方向の c_u の変化には，次のような方法もある．

$$\frac{c_u}{r} = \text{一定} \tag{5.28}$$

この場合は，流体はあたかも一つの剛体のように翼車軸のまわりを回転するため，剛体回転 (solid rotation) 型の流れという．

この剛体回転型の流れの詳細を述べる余裕はないが，この剛体回転流れでは，流速の半径方向の変化は少ないが，仕事の半径方向の変化は大きい．

渦なし流れと剛体回転流れを混合した，次のようなケースもある．

$$c_{1u} = ar + \frac{b}{r}, \quad c_{2u} = cr + \frac{d}{r} \tag{5.29}$$

ここで，a, b, c, d は定数である．この場合は，流速や流入，流出角度の変化も少なく，翼の全長にわたってマッハ数の制限まで周速を上げたいジェットエンジンなどによく使用されている．

（5） 亜音速翼列

翼列に入射する相対マッハ数が亜音速である翼列を，亜音速翼列という．流入する相対マッハ数が亜音速でも，この相対マッハ数が高いと，翼の負圧 (低圧) 側で超音速流れが発生し，損失が大きくなる．ここでは，そのような超音速流れが生じない，流入相対マッハ数が 0.8 までの二次元翼列風洞 (cascade tunnel) で得られた試験結果により，亜音速翼列の損失について考察する．まず，翼面上の速度，および境界層の運動量厚さを図 5.11 で定義する．図の最大速度 $V_{\max}$ から最終速度 V_2 まで減速が起こり，負圧面で境界層が厚くなる．

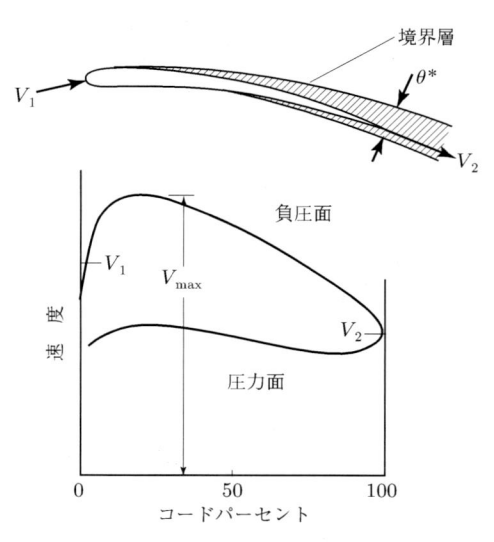

図 5.11 翼の負圧面および圧力面の速度分布

与えられた翼列の性能を表す方法はいろいろあるが，ここでは，次のような損失係数 $\bar{\omega}_1$ で比較してみることとする．

$$\bar{\omega}_1 = \frac{\Delta p_t}{p_{t1} - p_1} = \frac{p_{t1} - \bar{p}_{t2}}{p_{t1} - p_1} \tag{5.30}$$

ここに，$\bar{p}_{t2}$ は翼列下流の流れの流量平均全圧である．翼列データの解析から，損失係数 $\bar{\omega}_1$ は，次の式で定義される拡散係数 (diffusion factor, D) で整理できることが知られている．

$$D = \left(1 - \frac{V_2}{V_1}\right) + \frac{\Delta V_\theta}{2\sigma V_1} \tag{5.31}$$

図 5.12 にこの D の定義を示す．ここで，σ はソリデティであり，次の式で与えられる．

$$\sigma = \frac{c}{s} \tag{5.32}$$

ここで，c は翼コード長さ，s は翼間隔である．

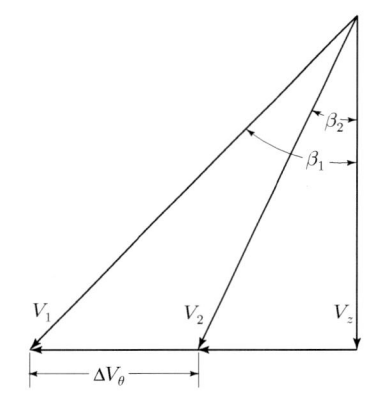

$$D \approx \frac{V_{\max} - V_2}{V_{av}} \approx \frac{V_{\max} - V_2}{V_1}, \quad V_{\max} \approx V_1 + f\left(\frac{\Delta V_\theta}{\sigma}\right)$$

図 **5.12** 拡散係数の定義

翼は負圧面および圧力面において，図 5.11 に示したような速度分布をもつ．境界層の発達，すなわち後流の厚みは，大部分，翼負圧面に沿って最高速度 $V_{\max}$ から後縁の値 V_2 まで，流れが減速することで起こる．式 (5.31) の右辺第 1 項は，単に V_1 から低い速度 V_2 までのベルヌーイの式にもとづく減速を表しており，第 2 項は，$V_{\max}$ から V_2 まで流れが減速する影響 $(V_{\max} - V_2)/V_1$ に関連づけられた項である．

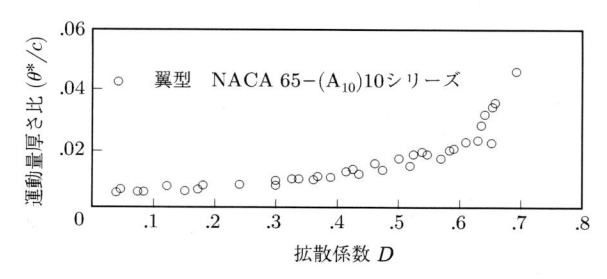

図 5.13 後流の運動量厚さ/コードと拡散係数の相関[1]

境界層の運動量厚さ θ^* が拡散係数 D と相関がある様子を図 5.13 に示す．実は，この運動量厚さ θ^* は，文献 5.1 に述べられているように，次のように損失係数 $\bar{\omega}_1$ と密接に関連している．

$$\frac{\theta^*}{c} = \bar{\omega}_1 \left(\frac{\cos\beta_2}{2\sigma}\right)\left(\frac{\cos\beta_2}{\cos\beta_1}\right)^2 \tag{5.33}$$

図 5.14 に損失係数 $\bar{\omega}_1$ と拡散係数 D の関係を示す．損失が $D = 0.6$ 以上で急激に立ち上がっており，境界層の剥離が発生していることをうかがわせる．図 5.13，図 5.14 とも，損失最小の入射角でのデータであるので，このように亜音速翼列では，全圧損失は境界層の発達と剥離に大きく左右されることがわかる．翼の負荷を増していっても，拡散係数 D が 0.5 以上になるような設計は慎重でなければならない．

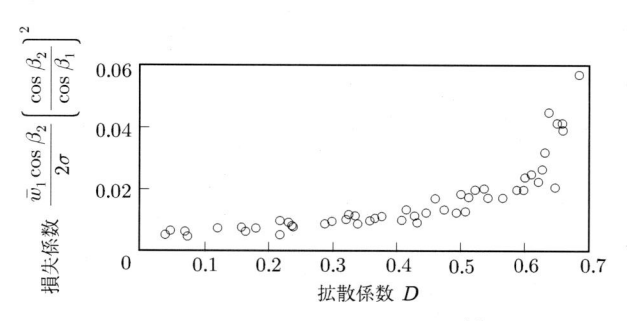

図 5.14 損失係数と拡散係数の相関[1]

（6） 超音速翼列

相対マッハ数 M_1' が1より大きい翼列を超音速翼列というが，ここでは，定性的概説にとどめる．マッハ数のダッシュ符号は，動翼に固定した座標でのマッハ数の意味である．軸流超音速ファンの例を除き，圧縮機翼列では軸方向マッハ数 $M_1' \cos\beta_1'$ はつねに1より小さい．したがって，M_1' が1より大であっても擾乱は動翼より前方に伝播し，流線は相互に影響しあうことになる．しかし，翼に相対的なマッハ数 M_1' が1より大きいため，動翼列上に衝撃波が形成され，粘性の影響による損失に加え，衝撃波による全圧損失も生じる．流れの様子を図5.15に示す．

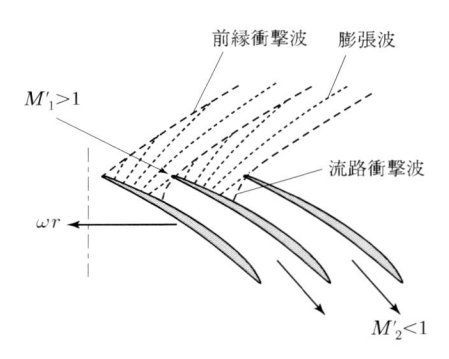

図 **5.15** 超音速相対入口速度の翼列

初期の超音速翼列を実験する試みは，期待はずれであった．効率が拡散損失や衝撃波損失から予測されるより，ずっと低かった．この初期の実験では，ハブ/チップ半径比が高く，全翼高さにわたって超音速の翼列を用いていた．その後，ハブ/チップ径が低くされ，チップでは超音速だが，ハブでは亜音速という翼列がつくられ，よい効率を示した．この形の翼列が，最近の圧縮機設計に利用されてきている．全スパンにわたって超音速の段はきわめて効率が低く，今日までジェットエンジンには採用されていない．図に示すように，衝撃波損失を最小にするため，M_1' が1より大きい翼部分に対しては，鋭い先端の翼型が用いられる．相対マッハ数は，周速が大きくなるチップの外側部分についてのみ1を超え，内側部分では M_1' が1より小さく，亜音速翼列となる．第8章で述べる将来型エンジンでは，とくにエアターボラムエンジンではファンの超

音速作動は魅力的であり，超音速翼列は研究の進展が期待される分野である．

（7） 非二次元流れ

翼列の損失は，境界層や衝撃波のほかに，翼間すきま流れ，ハブやケーシングのせん断流などの三次元的な二次流れによるものもある．図 5.16 にその模式的様子を示す．

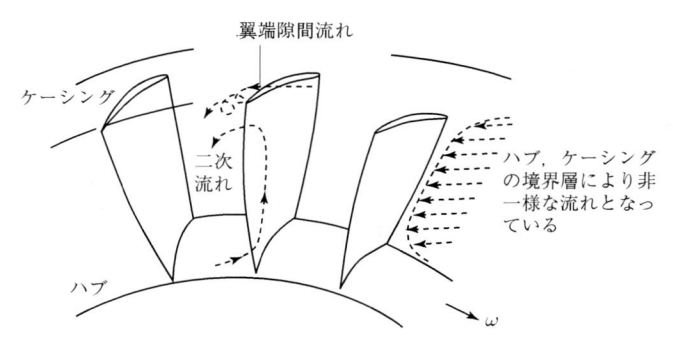

図 5.16 翼列における各種損失

圧縮機動翼に近づく流れには，ケーシングおよびハブの境界層の影響による壁近くの低速な流れがあるため，図のように非一様な流れとなっている．この非一様流れにより，図のような二次流れが生ずる．その理由を図 5.17 により説明する．

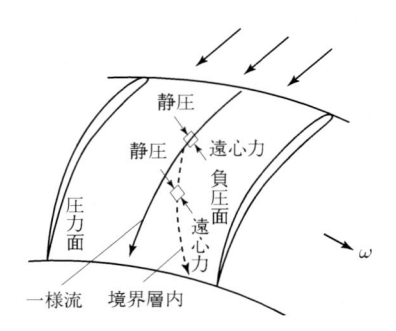

図 5.17 ハブ境界層における流れ (破線)

一つの流路があり，それが曲率をもっている場合，遠心力と静圧はつりあいが保たれている．その様子を図の実線で示す．これは，境界層の影響が及んで

いない主流に対して当てはまる．しかし，紙面に沿う境界層があった場合にはこのようにはならない．境界層のなかには，主流の静圧が浸透するという境界層理論に従えば，その主流の圧力勾配は境界層のなかの圧力勾配と等しくなる．しかし，境界層のなかの流れは速度が小さく，したがって遠心力も弱いので，静圧と遠心力のバランスがくずれ，流れは静圧勾配により破線で示したように主流以上に曲げられことになる．結果として，壁近くの流れは過大に曲がって図のような二次流れを生む．このような主流方向を向いていない，したがって下流の翼列で拡散されることのない強い速度成分は，大きな損失となり，エントロピーを増大させる．

5.3 遠心圧縮機の空気力学

遠心圧縮機は，名前のように流体をインペラの回転によって生じる遠心力場を外径方向に動かすことにより圧縮するものである．この圧力上昇は，軸流圧縮機の動翼や静翼における圧力上昇と異なっている．圧力上昇は，流動過程を通じて運動エネルギーが圧力エネルギーに変換されて起こるのではなく，流体がローターとともに回転しその遠心力によって生まれるエネルギー差が圧力に変換されることにより生じる．このため圧力上昇は，逆圧力勾配中での境界層の成長や剥離によって影響を受けることが少ない．このような理由から，第1章で述べたジェットエンジンの初期のエンジンであるオハインエンジンやホイットルエンジンに採用されたのではないかと思われる．

（1） 遠心圧縮機の圧縮の原理

図5.18にインペラ(ローター)を示す．軸の目の部分から入った空気は半径方向に曲げられ，ローターの翼端に達するまでに，ローターに近い周方向速度を持つようになる．

インペラの流路内で流れのマッハ数が小さく，空気が外向きに流れる際，すべての半径においてローターの周速度を持つなら，半径方向の圧力勾配は，

$$\frac{dp}{dr} = \rho \omega^2 r$$

であり，流れが等エントロピーであれば，$\rho/\rho_1 = (p/p_1)^{\frac{1}{k}}$ であるから，ρ を消去して積分すれば，ローターの静圧比を次のように求めることができる．

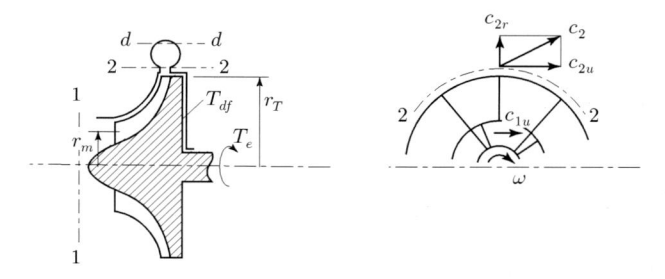

図 5.18 遠心圧縮機

$$\left(\frac{p_2}{p_1}\right)^{\frac{k-1}{k}} - 1 = \frac{T_2}{T_1} - 1 = \frac{k-1}{2} M_T^2 \tag{5.34}$$

ここで，$M_T^2 = (\omega r_T)^2/kRT_1$ は入口温度にもとづく翼端マッハ数の 2 乗である．遠心圧縮機のインペラは，たとえ流れが非常に少なくとも，この静圧比を発生している．

インペラを出た空気は，ディフューザとよばれる外周部の空所に流れていく．その流体速度は，周方向成分と小さな半径方向成分をもっている．この運動エネルギーがわずかな損失で熱エネルギーに変換され，ここで圧力上昇が起こる．まず，流れが等エントロピーと仮定すると，圧力比は，

$$\frac{p_d}{p_2} = \left(1 + \frac{k-1}{2} M_2^2\right)^{\frac{k}{k-1}}$$

となる．ここで，$M_2^2 = (\omega r_2)^2/kRT_2 = M_T^2(T_1/T_2)$ である．添字 d はディフューザ出口を表す．したがって，

$$\frac{T_d}{T_2} - 1 = \left(\frac{p_d}{p_2}\right)^{\frac{k-1}{k}} - 1 = \frac{[(k-1)/2] M_T^2}{1 + [(k-1)/2] M_T^2} \tag{5.35}$$

であり，全体圧力比は，

$$\frac{p_d}{p_1} = \left[1 + (k-1) M_T^2\right]^{\frac{k}{k-1}} \tag{5.36}$$

となり，また温度比は，

$$\frac{T_d}{T_1} = 1 + (k-1) M_T^2 \tag{5.37}$$

となる．式 (5.34) と比較すると，段の温度上昇の半分はディフューザで起こることがわかる．したがって，遠心圧縮機では，ローターの大きい圧力比と同じ

ように，ディフューザにおける大きな圧力比をうまくマッチングさせる必要がある．

高い圧力比をとれる利点はあるが，遠心圧縮機は前面面積当たりの流量が根本的に小さいという欠点をもっている．この低い流量能力のため，最近までの遠心圧縮機の航空用エンジンにおける使用は，ターボプロップ用やヘリコプター用のような小型エンジンに限られてきた．

（2） 遠心圧縮機の所要動力

遠心羽根車によって，空気に伝達される動力を求めてみよう．そのため，遠心圧縮機の羽根車にオイラーの式を適用する．

$$T_{\text{out}} = \dot{m}(c_{2u}r_2 - c_{1u}r_m)$$

ここで，T_{out} は空気に働く外力のモーメント（トルク）の総和で，r_m は入口の平均半径である．平均半径は，以下のように入口の面積を等分する円周の半径をとる．添字 b をボス，t をチップとすると，

$$\pi r_m^2 - \pi r_b^2 = \pi r_t^2 - \pi r_m^2$$

となる．したがって，

$$r_m = \sqrt{\frac{r_t^2 + r_b^2}{2}} \tag{5.38}$$

である．

羽根車のなかの空気に作用する外力のモーメントは，羽根車の回転に必要なトルク T_e から，圧縮機のハウジングに充満している空気と羽根車の摩擦によって発生するモーメント T_{df} を差し引いたものに等しい．

$$T_{\text{out}} = T_e - T_{df} = \dot{m}(c_{2u}r_2 - c_{1u}r_m) \tag{5.39}$$

この両辺に角速度 ω を乗じて，空気質量流量 $\dot{m}$ で割れば，

$$\frac{T_e\omega}{\dot{m}} - \frac{T_{df}\omega}{\dot{m}} = c_{2u}r_2\omega - c_{1u}r_m\omega \tag{5.40}$$

となる．ここで，

$$\frac{T_e\omega}{\dot{m}} = L_e \quad \text{（空気 1 kg 当たりの外部仕事）}$$

$$\frac{T_{df}\omega}{\dot{m}} = L_{df} \quad \text{（円板摩擦の空気 1 kg 当たりの仕事）}$$

とすると，式 (5.40) は，

$$L_e = c_{2u}u_2 - c_{1u}u_m + L_{df} \tag{5.41}$$

となる．円板摩擦を u_2^2 の項で整理して，

$$L_e = c_{2u}u_2 - c_{1u}u_m + \alpha u_2^2 \tag{5.42}$$

となる．研究によれば，係数 α はジェットエンジンの遠心圧縮機で 0.03〜0.05，機械駆動式遠心過給機で 0.04〜0.08 である．このように，遠心圧縮機では円板摩擦損失は無視できないオーダーである．

式 (5.42) からわかるように，入口の流れに旋回流があるときには，羽根車によって空気に伝達される仕事量は減少する．また，遠心圧縮機において，等しい周速度の羽根車においてなぜ前向き羽根が，後ろ向き羽根に比べて大きな仕事量を伝達できるかは，図 5.19 から明らかである．

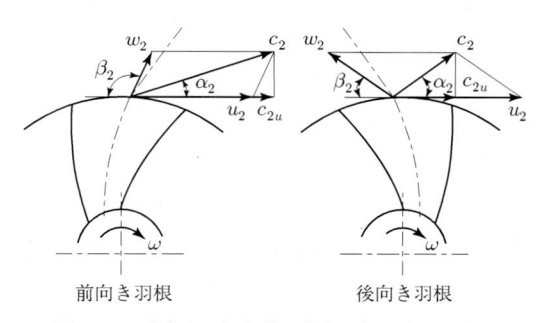

図 **5.19** 前向き羽根と後ろ向き羽根の速度三角形

5.4 タービンの空気力学

（1） タービン段の速度三角形

単段タービンの構造を図 5.20 に示す．タービンの基本的要素はノズルと動翼である．ノズルは二つの同心フレームにはさまれて装着される静止翼である．

タービンを，回転軸と同心のある半径の円筒面 a–b(図 5.20) で切断して，その円筒面を平面に展開したものが図 5.21 である．ノズルは図から明らかなように，断面 0–0 から断面 1–1 まで先細りの曲がった通路を形成している．この部

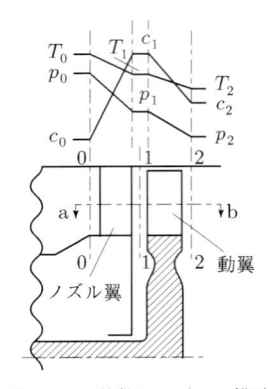

図 5.20 単段タービンの構造

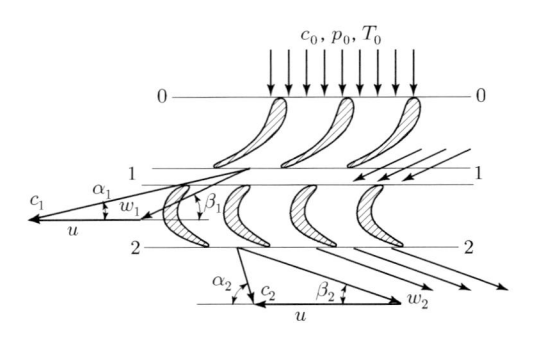

図 5.21 ノズル翼と動翼の断面および速度三角形

分でガス流れは圧力が低下し,それに応じて速度が増大する.また,ガス温度は降下する.

ノズル出口の流れの方向は,ノズル端の方向により定まり,動翼の回転面と角 α_1 をなす.周速度 u で運動している動翼に関して,ガスは,速度三角形から c_1 と u の差として定められる速度 w_1 をもっている.この相対速度の大きさと方向 (w_1 と β_1) は,動翼の周速度 u によって決まる.u が小さいほど w_1 は大きく,β_1 は小さくなる.u が大きいほどその逆になる.明らかに α_1 が与えられたとき,角 β_1 の大きさは比 u/c_1 によって決まる.

パラメータ u/c_1 は,タービン動翼前の流れの条件を定めるもので,重要な役割をもっている.流れが動翼に衝突流入しないように,動翼の前縁は,相対

速度 w_1 の方向に合わせなければならないので,比 u/c_1 の選定は,動翼の形状に関連してくる.

動翼もまた,通常,先細り通路を形成している.動翼のなかで,ガスは圧力 p_1 から p_2 まで膨張し続ける.ガスが動翼面上を流れるとき,翼の凹面 (腹面) では圧力の上昇が生じ,凸面 (背面) では圧力が低下する.翼出口の圧力を基準としてその分布を示すと,図 5.22 のようになる.翼表面に作用する有効圧力が,動翼を回転させるトルクを供給する.

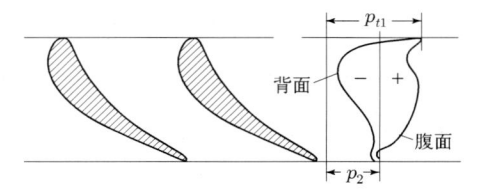

図 **5.22** タービン翼まわりの圧力分布

動翼後のガスの絶対速度 c_2 は,相対速度 w_2 と周速度 u のベクトル和として表される.動翼における圧力の減少とガスの絶対速度の減少は,ノズルにおけるガスの膨張によって得られた運動エネルギーの一部が,動翼において仕事に変換されるためである.

(2) ガスの膨張過程における i-s 表示

タービンのガス膨張過程の i-s 線図を図 5.23 に示す.位置 0 はタービン入口 (ノズル入口) の状態である.ノズルでは,外部との熱の出入りもなく,機械エネルギーの出入りもないから $I_0 = I_1$ である.膨張過程は,入口全圧状態の 0 から出口静圧状態 2 に向けて行われる.全圧は大文字で,静圧は小文字で表している.

タービンにおける膨張仕事の一部は,外部に取り出せる仕事に転換されるが,残りは各種の損失に打ち勝つために費やされたり,流れの運動エネルギーの増加に使用される.定置型のガスタービンでは,タービン出口のガスの運動エネルギーは,普通,利用されない.ターボジェット系およびターボプロップ系のエンジンの場合は,タービン後のガスの運動エネルギーは推力を得るために使用される.

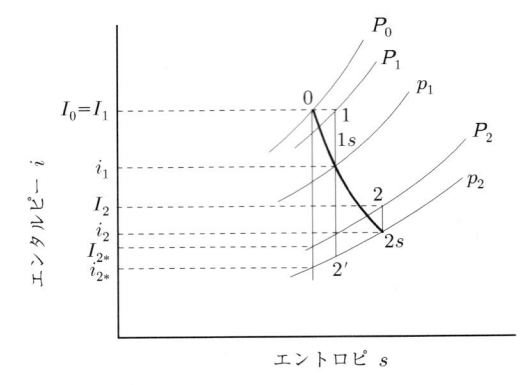

図 5.23 タービン段の i–s 線図

断熱効率 η_{ad} は，タービンの実際の熱降下の理論熱降下に対する比として，次のように定義される．

$$\eta_{ad} = \frac{I_0 - I_2}{I_0 - i_{2*}} \tag{5.43}$$

（3） タービンの分類

タービンは，反動形と衝動形とに分類される．反動タービンは，ガスの膨張がノズル翼においても動翼においても行われる形式のものをいう．"反動タービン" の用語は，動翼内において相対速度が増大するため，動翼に作用する力が流出流れの反作用とみなされることから来ている．

タービン段の熱降下のノズル翼と動翼に対する配分は，反動度 ρ によって表される．反動度は，動翼における静エンタルピー降下の段の全エンタルピー降下に対する比として，次の式で定義される．

$$\rho = \frac{i_1 - i_{2'}}{I_0 - i_{2*}} \tag{5.44}$$

反動度は，この式のほかに分母を $(I_0 - I_2)$ ととる定義もあるが，本書では式 (5.44) を用いるものとする．

ガスの膨張が，ノズルにおいてのみ行われ，したがって動翼の前後の圧力が等しい場合には，動翼におけるエンタルピー降下は 0 であり，したがって反動度も 0 である．このようなタービンは衝動タービンとよばれる．衝動タービンにおいては，動翼に作用する力は速度の方向転換によってのみ与えられる．衝

動タービンの動翼内の相対速度の大きさは，実際上は変化しない．理想的な状態では，それは一定であるが，実際上は損失があるため，相対速度は動翼出口で入口よりいくらか小さくなる．したがって，衝動タービンの動翼は対称形をなしており，通路はほとんど等しい幅を形づくっている．反動タービンと衝動タービンの段における流れのパラメータの変化を図 5.24 に示す．

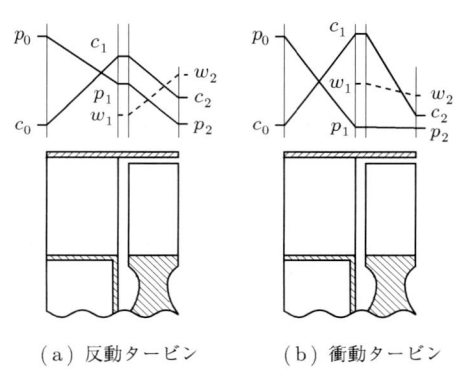

(a) 反動タービン　(b) 衝動タービン

図 5.24　反動タービンおよび衝動タービン

　与えられた計画熱降下と周速度に対して反動度を増大すれば，ノズル流出絶対速度 c_1 と相対速度 w_1 は減少し，それにより，ノズル翼と動翼の翼形を空気力学的に洗練させることができる．このため，ノズルおよび動翼における流体損失が少なく，したがって断熱効率がよくなる．

　航空機用としては，より経済的であるため，ほとんど反動タービンが用いられる．タービンを反動式と衝動式に分類することは，比較的短い翼のタービンでは意味のあることである．短い翼のタービンでは，半径方向のガス状態の変化は省略してよく，反動度は一定と考えてよい．比較的長い翼をもったタービンでは，反動度は半径方向に非常に変化しているので，タービンを衝動式と反動式に分類することは，条件付きでなければ意味がない．

(4) 軸流タービン，半径流タービン

　ガス流れの方向によって，タービンにも圧縮機と同じように，軸流タービンと半径流タービンがある．軸流タービンは，ガス流れが基本的には回転軸の方向に流れるものをいう．ガスが回転軸に垂直な面内を流れるタービンを，半径

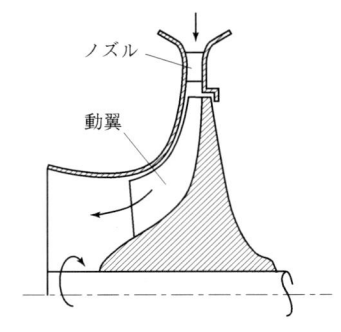

図 5.25 内向き半径流タービン

流タービンという．ガスが外周から中心に向かう内向き半径流タービンを図 5.25 に示す．半径流タービンは，流量の少ないところで比較的に効率がよいため，自動車用のスーパーチャージャーによく使われている．

(5) **単段タービン，多段タービン**

タービンは，また単段式と多段式とに分けられる．多段タービンは，熱降下量が大きく，1 段では高い効率が得られない場合に用いる．多段タービンは，圧力複式多段タービンと速度複式多段タービンとに分けられる．図 5.26 に両タービンを示す．

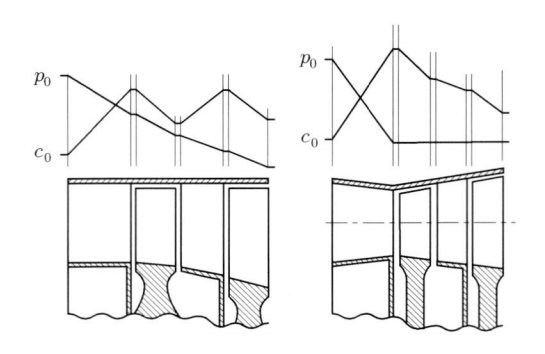

(a) 圧力複式多段タービン　(b) 速度複式多段タービン

図 5.26 圧力複式および速度複式多段タービン

圧力複式多段タービンは，単段反動タービンを連続して配列したものである．

5.4 タービンの空気力学　**99**

速度複式多段タービンは，普通，2段につくられる．図にガス圧力と絶対速度の変化を示しているが，ガスの膨張は1段のノズルにおいてのみ行われ，それ以後，圧力は一定に保たれる．ガス速度は最初のノズルで増大し，動翼内で減少する．二つの動翼の間に設けられた静翼は，第1段から流出したガスの方向を，第2段動翼に必要な向きに変える．それぞれの動翼が仕事を得る仕組みは，単段衝動の翼と同様である．速度複式タービンは，比較的車の周速度が小さくて，熱降下の非常に大きい条件の場合に採用される．このような条件は，重量を軽減するため，非常に高い熱落差を採用するロケット用タービンで発生する．この条件のもとで，単段タービンでは，流出速度損失が大きく効率が低くなるため，通常，第2段動翼を設けることが多い．

航空用ジェットエンジンでは，断熱効率の高い軸流単段，あるいは多段の反動タービンが広く用いられている．

(6) ノズルにおけるガス流れ

タービンのノズルおよび翼内の流れは，圧力の降下と速度増減をともなっており，近似的に管内を通る流れとして扱ってよい．ノズルおよび翼間を流れる流体の簡易計算は，一次元の圧縮性流体力学により求められるが，その基礎は第2章にて述べた．

図5.27において，通路軸に垂直な各断面においては，速度とガスの状態量は断面上すべての点において等しいとする．断面0-1間の流れについて，エネルギーの式から，

$$\frac{c_0^2}{2} + c_p T_0 = \frac{c_1^2}{2} + c_p T_1 = c_p T_{t0} \tag{5.45}$$

となる．ここで，$c_p T_{t0}$ はせき止め状態のエンタルピーである．断熱された通路に沿って任意の断面のガスの全エネルギーは一定である．任意の断面における速度は，上式により求めることができる．

損失がなく，周りとの熱交換がない理想的な場合は，ガスは断熱的に変化する．すなわち，

$$\left(\frac{p_{t0}}{p_1}\right)^{\frac{k-1}{k}} = \frac{T_{t0}}{T_1}$$

であるから，1における流速は，

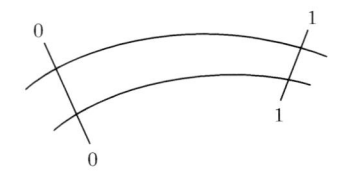

図 5.27 ノズル断面の記号

$$c_{1ad} = \sqrt{2\frac{k}{k-1}RT_{t0}\left[1-\left(\frac{p_1}{p_{t0}}\right)^{\frac{k-1}{k}}\right]} \quad (5.46)$$

となる．実際の膨張過程は，流れの曲がり，ガスと境界面との摩擦，渦の発生によって生ずる各種の損失を伴っているから，これらを考慮しなければならない．タービンにおいては，実際のノズル噴出速度は次の式を用いる．

$$c_1 = \varphi c_{1ad} \quad (5.47)$$

ここで，φ は，実際の速度と理論値との相違を考慮に入れる係数で，ノズルの速度係数とよばれる．ノズルの損失は明らかに，

$$\frac{c_{1ad}^2}{2}(1-\varphi^2) \quad (5.48)$$

である．今日のターボジェットエンジン用タービンのノズル翼では $\varphi = 0.97 \sim 0.98$ である．

（7） 動翼においてガスのなす仕事

ガス流れの中で作動する動翼には，圧力による流力的な力と翼表面に働く摩擦力が作用する．翼に働くこれらの力の円周方向分力が，翼車を回転させるモーメントを生じさせる．

翼表面の圧力分布から翼に作用する力を定めることは，非常に複雑で難しく，コンピュータの助けを借りてのみ可能である．図 5.28 のような速度三角形が与えられて，翼の前後の圧力が分かれば運動量の方程式（定常流れに関してはオイラーの式になる）からこの力は容易に求めることができる．

動翼全体に作用する円周方向分力の総和を回転力として，F_u で表す．図 5.29 を参照し，タービン動翼の円筒切断面を平面に展開して得られた翼列の流れを二次元流れと考えて，回転力 F_u を求めてみよう．

5.4 タービンの空気力学

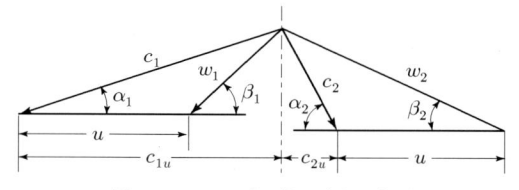

図 5.28 タービン段の速度三角形

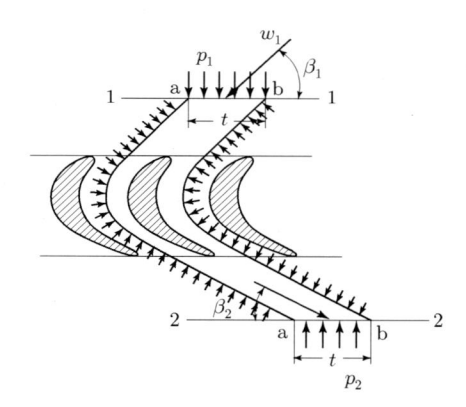

図 5.29 翼まわりのつりあい

　動翼をはさむ断面 1–1 および 2–2 は，翼から十分離れた (理論的には無限大) 所にあり，この断面の各点の速度と圧力は，すべて等しいものと考えてよいものとする．流線 a–a および b–b に作用する横方向の力は，互いに釣り合っている．また，圧力 p_1, p_2 の周方向の投影は 0 に等しい．したがって，周方向に作用する力はオイラーの方程式により，次のようになる．

$$F_{ub} = \dot{m}_b[w_1 \cos\beta_1 - (-w_2 \cos\beta_2)]$$

ここで，F_{ub} は 1 個の翼に作用する周方向の分力，$\dot{m}_b$ は一つの通路を通過する毎秒のガスの質量である．

　周方向の全作用力を求めるには，上式において $\dot{m}_b$ のかわりに，動翼を毎秒通過するガス量 $\dot{m}$ に置き換えればよい．したがって，力 F_u が動翼の周方向になす仕事 L_{ug} は，次式で定められる．

$$L_{ug} = uF_u = \dot{m}u(w_1 \cos\beta_1 + w_2 \cos\beta_2) \tag{5.49}$$

ここで，L_{ug} はガス流量 $\dot{m}$ kg/s が動翼の周方向になす毎秒の仕事である．1 kg のガスがなす仕事は，両辺を $\dot{m}$ で割って，

$$L_u = \frac{L_{ug}}{\dot{m}} = u(w_1 \cos\beta_1 + w_2 \cos\beta_2) \tag{5.50}$$

となる．絶対速度と相対速度の関係を図 5.28 から求めると，

$$w_1 \cos\beta_1 = c_1 \cos\alpha_1 - u, \quad w_2 \cos\beta_2 = c_2 \cos\alpha_2 + u$$

となる．したがって，

$$L_u = u(c_1 \cos\alpha_1 + c_2 \cos\alpha_2) \tag{5.51}$$

となる．実際に，タービンの軸に伝えられる仕事は，タービン円盤摩擦による損失や軸受けの損失があるため，この値より小さい．

（8） タービン段の基本パラメータ

タービン動翼の設計に際しての基本的なパラメータは，圧力比 π，反動度 ρ，速度比 u/c_1 である．この三つのパラメータは互いに関連していて，そのうち，二つ (たとえば，ρ と u/c_1) の独立パラメータを知れば十分である．ここでは，動翼出口の w_2/c_1 が u/c_1 と ρ の関数であることを示す．

動翼の反動度は，

$$I_b = \rho I \tag{5.52}$$

で表される．ここで，I は段全体の熱降下，I_b は動翼の熱降下である．したがって，ノズルの熱降下を I_n とすると，

$$I_n = (1-\rho)I \tag{5.53}$$

である．これより I を消去すると，

$$I_b = I_n \frac{\rho}{1-\rho} \tag{5.54}$$

となる．動翼内の相対運動を考えた場合のエネルギー式から，

$$I_b = \frac{1}{2}\left[\left(\frac{w_2}{\psi}\right)^2 - w_1^2\right] \tag{5.55}$$

となる．ここで，ψ は動翼の速度係数である．式 (5.54)，(5.55) の右辺を等しいとおいて，$I_n = \frac{1}{2} c_{1ad}^2$ であるから

$$\left(\frac{w_2}{c_1}\right)^2 = \psi^2 \left[\frac{\rho}{1-\rho}\frac{1}{\varphi^2} + \left(\frac{w_1}{c_1}\right)^2\right] \tag{5.56}$$

となる．この式の $(w_1/c_1)^2$ を u/c_1 で置き換えると（図 5.28 参照），

$$\left(\frac{w_2}{c_1}\right)^2 = \psi^2 \left[\frac{\rho}{1-\rho}\frac{1}{\varphi^2} + \left(\cos\alpha_1 - \frac{u}{c_1}\right)^2 + \sin^2\alpha_1\right] \tag{5.57}$$

となる．この式から，w_2/c_1 もまたタービン設計パラメータとして有用であることがわかる．

（9） 長い翼を持つタービンの半径方向のパラメータの変化

比較的短い翼のタービンでは，翼の高さ方向の周速度の変化は，それほど大きくはない．そのため設計は，普通，その変化を考慮しない．タービンの平均半径におけるガス流れに対する速度三角形やガスの状態量が，タービンを通過する全部のガスに対して平均値として採用される．したがって，翼の断面は翼の高さ方向に変化しない．多くのロケット用タービンは，このような翼が採用されている．比較的長い翼の場合は，平均半径についてのみ計算することは誤差が大きくなるので，本項においては，翼の高さ方向の変化について考察する．

ノズル翼出口のガス流れは，速度 c_{1u} でタービン軸のまわりを回転するので，遠心力の作用を受ける．そのため，ノズルと動翼間の圧力は半径方向に増大する．したがって，半径が大きくなるにつれてノズル翼における圧力降下は減少するから，噴出速度 c_1 は低下し，温度は高くなる．翼の高さ方向に速度三角形の変化が生じるため，異なった半径における仕事は等しくならない．翼はそれに対応する形状に設計する必要がある．

圧縮機の場合と同様に，図 5.30 を参考に，ノズル翼と動翼のすきまにおける平衡条件を導く．流れは円筒表面を流動し，円環部の摩擦損失を考慮せず，翼車後の円周方向流れの不均一性も考慮しないとする．ガスに作用する遠心力は，圧力による流体力学的力と釣り合っているものとする．翼車のすきま部分の軸対称流れにおいて，半径方向の釣り合いの条件は次の式で表される．

$$\frac{dp}{dr} = \rho\frac{c_u^2}{r} \tag{5.58}$$

摩擦のない運動では，dp はエネルギーの式 (5.45) から，

$$cdc = -\frac{dp}{\rho} \tag{5.59}$$

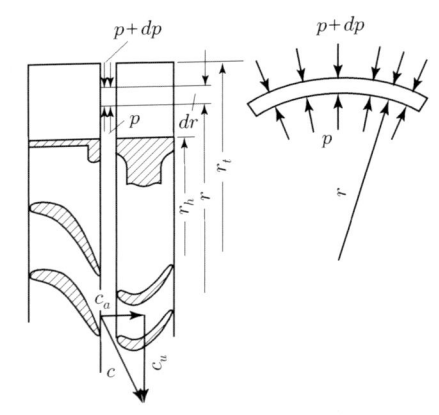

図 5.30 翼間隙間における半径方向のつりあい

のように求められる．これから，

$$cdc + \frac{c_u^2 dr}{r} = 0$$

あるいは，

$$\frac{dc}{c} + \cos^2 \alpha \frac{dr}{r} = 0 \tag{5.60}$$

となる．ここで，

$$\cos \alpha = \frac{c_u}{c} \tag{5.61}$$

とする．角 α と半径の関係がわかっていれば，上式から速度 c の変化を求めることができる．このように，各 α の変化が与えられれば，半径に沿っての軸方向速度や周方向速度の分布状態が決定され，それに従っての温度や圧力の半径方向の変化も求められることになる．

（10） 循環一定の段

摩擦力が存在しないという上記の仮定のもとでは，ポテンシャル流れの関係を使用することができて，問題を簡単にすることができる．圧縮機の場合にも行った，自由渦の場合 ($c_a = r$ 方向に一定，$c_u r = $ 一定) の関係を求めてみる．半径 r の増大とともに周方向分速度 c_u は減少する．したがって，絶対速度 c_1 も減少する ($c_a = $ 一定であるから)．それゆえ，エネルギーの式により図 5.31 に示すように圧力は増大する．

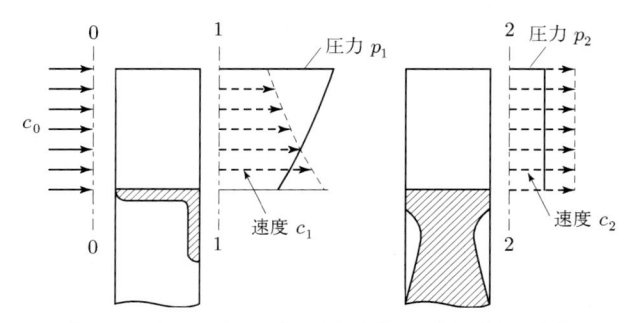

図 **5.31** 渦なし流れの段の半径方向の圧力と速度の分布

動翼入口のガスの絶対運動と翼車に対する相対運動について，半径方向の流れの角の変化を調べる．r_h はハブ (hub) 径を，r_m は平均径を，r_t はチップ (tip) 径を表すものとする．今後，断面 0, 1, 2, 半径 r_h, r_m, r_t について調べるとき，添字の第 1 文字は断面を，第 2 文字は半径を示す添字をつけるものとする．周方向および軸方向の成分は，さらに添字 u, a を追記する．たとえば，c_{1tu} は，断面 1-1 において半径 r_t における絶対速度の周方向成分を示す．

図 5.32 において，実線は動翼平均径における速度三角形を，点線は任意の半径での速度三角形を示す．同図から，

$$\tan \alpha_{1m} = \frac{c_{1a}}{c_{1mu}} \tag{5.62}$$

となる．ここで，c_{1a} は断面 1-1 における軸方向速度で，翼の高さ方向に一定である．これより，任意の半径における絶対速度の入射角をダッシュをつけて表わすと，自由渦の条件より，

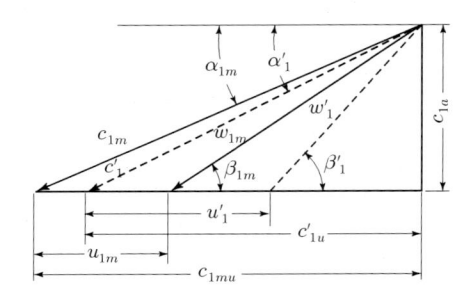

図 **5.32** 平均径部および任意半径における速度三角形

$$\tan\alpha'_1 = \frac{c_{1a}}{c'_{1u}} = \frac{r'}{r_m}\tan\alpha_{1m} \tag{5.63}$$

となる．このように，ノズル翼の流出角は半径の増加とともに増大する．動翼入口の速度三角形から，

$$\tan\beta'_1 = \frac{\tan\alpha'_1}{1-\dfrac{u'_1}{c'_{1u}}} = \frac{\dfrac{r'}{r_m}\tan\alpha_{1m}}{1-\dfrac{u_{1m}}{c_{1mu}}\left(\dfrac{r'}{r_m}\right)^2} \tag{5.64}$$

となる．相対速度の流れの角度 β'_1 (動翼入口において) は，半径の増大とともに増大し，その割合は α'_1 よりも大きい．α_{1h}, β_{1h}, α_{1t}, β_{1t} を求めるには，これらの式において r' のかわりにそれぞれ r_h, r_t を代入すればよい．

自由渦の場合，翼のなす仕事はすべての半径で一定である．特殊なケースとして，$c_{2u}=0$ の場合には，絶対速度 c_2 も各半径で一定になるため，圧力も一定となる．図 5.31 の動翼後方の速度，圧力の分布はこの場合を示している．

図 5.33 にノズル翼と動翼の断面の一例を示す．具体的ひねりの程度は数値例 5.2 により把握することとしよう．

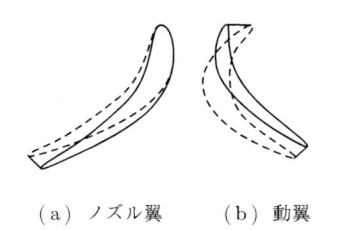

(a) ノズル翼　(b) 動翼

図 **5.33** ノズル翼と動翼断面の例 (点線はハブ部，実線は翼端部)

【**数値例 5.2**】　次の条件で，単段軸流タービンの半径方向の動翼流入角 β_1 および流出角 β_2 を，自由渦の仮定により求めよ．なお，入口，出口の速度三角形は，図 5.28 を参考とすること．また，平均径の添字は，必要な場合以外は省略している．
(1)　タービン発生仕事：$L_u = 200000$ Nm/kg
(2)　平均径における周速：$u = 320$ m/s
(3)　平均直径：$D = 0.520$ m
(4)　絶対速度の流入角：$\alpha_1 = 30°$
(5)　速度比：$u/c_1 = 0.55$

(6) 動翼高さ：$l = 0.12$ m (入口，出口とも等しい)

解

動翼入口絶対速度：$c_1 = \dfrac{u}{u/c_1} = \dfrac{320}{0.55} = 581.8$ m/s

入口絶対速度の軸流成分：$c_{1a} = c_1 \sin \alpha_1 = 290.9$ m/s $=$ 一定

入口絶対速度の平均径における周方向成分：$c_{1u} = c_1 \cos \alpha_1 = 503.8$ m/s

平均径における動翼入口翼角度：$\beta_1 = \arctan \dfrac{\sin \alpha_1}{\cos \alpha_1 - u/c_1} = 57.7°$

平均径における動翼入口相対速度：$w_1 = \dfrac{c_1 \sin \alpha_1}{\sin \beta_1} = \dfrac{290.9}{\sin 57.7} = 344.1$ m/s

動翼出口相対速度 w_2 は，式 (5.56) より，

$$w_2 = \psi c_1 \sqrt{\dfrac{\rho}{1-\rho}\dfrac{1}{\varphi^2} + \left(\dfrac{w_1}{c_1}\right)^2}$$

$$= 581.8 \times \sqrt{\dfrac{0.42}{1-0.42} + \left(\dfrac{344.1}{581.8}\right)^2} = 602.9 \text{ m/s}$$

ここで，$\psi = \varphi = 1.0$，$\rho = 0.42$ としている．

出口翼角度：式 (5.50) より，

$$\cos \beta_2 = \left(\dfrac{L_u}{u} - w_1 \cos \beta_1\right)\dfrac{1}{w_2}$$

$$= \left(\dfrac{200000}{320} - 344.1 \times \cos 57.7\right)\dfrac{1}{602.9} = 0.7316$$

$\beta_2 = 42.9°$

動翼流出角：

$$\tan \alpha_2 = \dfrac{\sin \beta_2}{\cos \beta_2 - u/w_2} = \dfrac{\sin 42.9}{\cos 42.9 - 320/602.9} = 3.373$$

$\alpha_2 = 73.4°$

動翼流出軸方向速度：

$$c_{2a} = w_2 \sin \beta_2 = 410.4 \text{ m/s}$$

次に各半径における流れの角度 α と翼角度 β を求める．まず，ハブ径およびチップ径は，

$$r_h = r_m - \dfrac{l}{2} = 0.260 - 0.060 = 0.200 \text{ m}$$

$$r_t = r_m + \dfrac{l}{2} = 0.260 + 0.060 = 0.320 \text{ m}$$

式 (5.63) より，

$$\tan \alpha_{1h} = \dfrac{r_h}{r_m} \tan \alpha_{1m} = \dfrac{0.200}{0.260} \tan 30 = 0.444, \quad \alpha_{1h} = 23.9°$$

$$\tan \alpha_{1t} = \dfrac{r_t}{r_m} \tan \alpha_{1m} = \dfrac{0.320}{0.260} \tan 30 = 0.710, \quad \alpha_{1t} = 35.3°$$

ここで，各半径における周速は，

5. ジェットエンジン要素の空力設計

$$u_h = u_m \frac{r_h}{r_m} = 320 \times \frac{0.200}{0.260} = 246.1 \text{ m/s}$$

$$u_t = u_m \frac{r_t}{r_m} = 320 \times \frac{0.320}{0.260} = 393.8 \text{ m/s}$$

式 (5.64) より,

$$\tan \beta_{1h} = \frac{\frac{r_h}{r_m} \tan \alpha_1}{1 - \frac{u_1}{c_{1u}} \left(\frac{r_h}{r_m} \right)^2} = 0.710, \quad \beta_{1h} = 35.4°$$

$$\tan \beta_{1t} = \frac{\frac{r_t}{r_m} \tan \alpha_1}{1 - \frac{u_1}{c_{1u}} \left(\frac{r_t}{r_m} \right)^2} = 18.3, \quad \beta_{1t} = 86.9°$$

動翼出口の平均径のおける周方向速度:

$$c_{2u} = w_2 \cos \beta_2 - u = 602.9 \cos 42.9 - 320 = 121.6 \text{ m/s}$$

$$c_{2hu} = c_{2mu} \frac{r_m}{r_h} = 121.6 \times \frac{0.260}{0.200} = 158.0 \text{ m/s}$$

$$c_{2tu} = c_{2mu} \frac{r_m}{r_t} = 121.6 \times \frac{0.260}{0.320} = 98.8 \text{ m/s}$$

動翼出口の翼角度は,

$$\tan \beta_{2h} = \frac{c_{2a}}{u_h + c_{2hu}} = \frac{410.4}{246.1 + 158.0} = 1.01, \quad \beta_{2h} = 45.4°$$

$$\tan \beta_{2t} = \frac{c_{2a}}{u_t + c_{2tu}} = \frac{410.4}{393.8 + 98.8} = 0.833, \quad \beta_{2t} = 39.6°$$

出口流出角:

$$\tan \alpha_{2h} = \frac{c_{2a}}{c_{2hu}} = \frac{410.4}{158.0} = 2.597, \quad \alpha_{2h} = 68.9°$$

$$\tan \alpha_{2t} = \frac{c_{2a}}{c_{2tu}} = \frac{410.4}{98.8} = 4.153, \quad \alpha_{2t} = 76.4°$$

出口絶対速度:

$$c_2 = \sqrt{c_{2a}^2 + c_{2u}^2} = \sqrt{410.4^2 + 121.6^2} = 428.0 \text{ m/s}$$

$$c_{2h} = \sqrt{410.4^2 + 158.0^2} = 439.7 \text{ m/s}$$

$$c_{2t} = \sqrt{410.4^2 + 98.8^2} = 422.1 \text{ m/s}$$

以上の結果を表 5.2 にまとめる.

以上は,自由渦の場合の設計例であるが,翼のひねりが大きくなるという欠点がある.また,表 5.2 にみられるように,とくにハブ部での反動度が小さくなり,効率にも悪い影響を与えることがある.これを修正するため,$\alpha_2 =$ 一定という条件で設計する方法もある.このほうが翼のひねりも少なく製造も容易であるが,平均径におけるパラメータが等しい場合には,両方法に大きな差異があるわけではないので詳細は省略する.

表 5.2 速度三角形諸量

パラメータ		ハブ	平均径	チップ
r	m	0.200	0.260	0.320
$\dfrac{r'}{r_m}$		0.7692	1.000	1.230
$u = u_m \times \dfrac{r'}{r_m}$	m/s	246.1	320	393.8
$\alpha_1, \ \alpha_1' = \arctan\left[\dfrac{r'}{r_m}\tan\alpha_m\right]$		23.9°	30°	35.3°
c_{1a}	m/s	290.9	290.9	290.9
$c_{1u}, \ c_{1u}' = c_{1mu}\dfrac{r_m}{r'}$	m/s	654.9	503.8	409.0
$c_1 = \sqrt{c_{1a}^2 + c_{1u}^2}$	m/s	715.7	581.8	501.9
$\beta_1, \ \beta_1' = \arctan\dfrac{\dfrac{r'}{r_m}\tan\alpha_1}{1 - \dfrac{u_1}{c_{1u}}\left(\dfrac{r'}{r_m}\right)^2}$		35.4°	57.7°	86.9°
$w_1 = \dfrac{c_1\sin\alpha_1}{\sin\beta_1}$	m/s	500.5	344.1	290.4
$w_2 = \psi c_1\sqrt{\dfrac{\rho}{1-\rho}\dfrac{1}{\varphi^2} + \left(\dfrac{w_1}{c_1}\right)^2}, \ w_2' = \dfrac{c_{2a}'}{\sin\beta_2'}$	m/s	576.3	602.8	643.8
ρ $\quad \psi = \varphi = 1.00, \ \rho = 0.42$ ハブ，チップにおける ρ は上式から求める		0.13	0.42	0.56
$\beta_2 = \arccos\left[\left(\dfrac{L_u}{u} - w_1\cos\beta_1\right)\dfrac{1}{w_2}\right]$			42.9°	
$\beta_2' = \arctan\left[\dfrac{c_{2a}}{u' + c_{2u}'}\right]$		45.4°	42.9°	39.6°
$c_{2u} = w_2\cos\beta_2 - u, \ c_{2u}' = c_{2mu}\dfrac{r_m}{r'}$	m/s	158.0	121.6	98.8
$c_{2a} = w_2\sin\beta_2$	m/s	410.4	410.4	410.4
$\alpha_2 = \arctan\dfrac{\sin\beta_2}{\cos\beta_2 - u/w_2}$			73.4°	
$\alpha_2' = \arctan\left[\dfrac{c_{2a}}{c_{2u}}\right]$		68.9°	73.4°	76.4°
$c_2 = \sqrt{c_{2a}^2 + c_{2u}^2}$	m/s	439.7	428.0	422.1

(11) タービン効率

タービンの損失には，境界層の摩擦損失，翼の後に生ずる後縁渦による損失，衝撃波の発生による損失，二次流れによる損失，および翼端とケーシング間のすきま漏れ損失などがある．後流にいくに従って圧力の上がっていく圧縮機翼と比べて，タービン翼では，後流に行くに従って圧力が下がって行くため，効

率はタービン翼の方がよい．個々の損失の詳細を述べる余裕はないので，ここでは損失係数による取り扱いについて述べる．

(a) ノズル翼における損失

ノズル翼内の損失による運動エネルギーの減少は，次のように表される．

$$\Delta L_n = \frac{c_{1ad}^2}{2} - \frac{c_1^2}{2} = (1-\varphi^2)\frac{c_{1ad}^2}{2} \tag{5.65}$$

ここで，c_{1ad} はノズルの損失のない場合の流出速度，c_1 は実際の流出速度，φ はノズル速度係数である．これらの全体熱降下に対する割合として，ξ を定義する．

$$\xi_n = \frac{\Delta L_n}{I} = (1-\varphi^2)(1-\rho) \tag{5.66}$$

ここで，ρ は反動度であり，動翼の熱降下の全体熱降下に対する比である．

(b) 動翼における損失

動翼損失があるため，実際の動翼出口のガスの相対速度 w_2 は，理想的な断熱過程の場合の速度よりも小さい．動翼における運動エネルギーの損失は，次のように表される．

$$\Delta L_b = \frac{w_{2ad}^2}{2} - \frac{w_2^2}{2} = \left(\frac{1}{\psi^2}-1\right)\frac{w_2^2}{2} \tag{5.67}$$

ここで，ψ は動翼の速度係数である．全体熱降下に対する割合として，

$$\xi_b = \frac{\Delta L_b}{I} = \varphi^2\left(\frac{1}{\psi^2}-1\right)(1-\rho)\left(\frac{w_2}{c_1}\right)^2 \tag{5.68}$$

となる．

(c) 流出速度損失

タービン出口のガスは c_2 という速度を持つから，運動のエネルギー $c_2^2/2$ を有している．翼車の回転仕事を得るという見方からは，このエネルギーは損失となる．$\Delta L_{\text{out}} = c_2^2/2$ の全体熱降下 $I = c_0^2/2$ に対する比をつくると，

$$\xi_{\text{out}} = \frac{\Delta L_{\text{out}}}{I} = \left(\frac{c_2}{c_0}\right)^2 = \varphi^2(1-\rho)\left(\frac{c_2}{c_1}\right)^2 \tag{5.69}$$

となる．これらの損失には，半径方向のすきま損失や円板摩擦損失は入っていない．両損失を除いた翼車周辺の断熱効率を η_b，流出損失を含めた翼車周辺の効率を周辺効率 η_u とすれば，

$$\eta_b = 1 - \xi_n - \xi_b \tag{5.70}$$

$$\eta_u = 1 - \xi_n - \xi_b - \xi_{\text{out}} = \eta_b - \xi_{\text{out}} \tag{5.71}$$

となる.式 (5.70) および式 (5.71) に ξ_n, ξ_b, ξ_{out} を入れて u/c_1 の項で表すと以下のようになる (詳細は省略する).

$$\eta_b = \rho \psi^2 + \varphi^2 (1 - \rho) \left[\psi^2 + (1 - \psi^2) \left(2\cos\alpha_1 - \frac{u}{c_1} \right) \frac{u}{c_1} \right] \tag{5.72}$$

$$\eta_u = 2\varphi^2 (1 - \rho) \frac{u}{c_1} \left[\cos\alpha_1 - \frac{u}{c_1} + \psi \cos\beta_2 \right.$$
$$\left. \times \sqrt{\frac{\rho}{1-\rho} \frac{1}{\varphi^2} + \left(\cos\alpha_1 - \frac{u}{c_1} \right)^2 + \sin^2\alpha_1} \right] \tag{5.73}$$

上式において,反動度 ρ をゼロとおいた衝動タービンと,$\rho = 0.5$ とおいた反動タービンの例を図 5.34,図 5.35 に示す.u/c_1 の低いところでは流出損失が大きくなるため,衝動タービン,反動タービンとも効率は低くなる.単段の衝動タービンでは,$u/c_1 = \cos\alpha_1/2$ において η_u は最大となる (2 段の場合は $u/c_1 = \cos\alpha_1/4$).これは,η_u を u/c_1 について微分し,得られた式を 0 とおけば得られるが,複雑なため,ここでは省略する.図は相対的な損失と効率の関係を示しているのみで,効率の縦軸は参考である.

図 5.34 衝動タービンの相対的損失と効率の関係

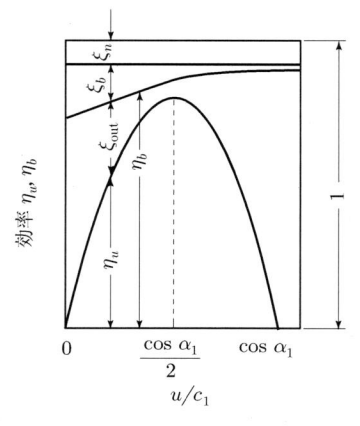

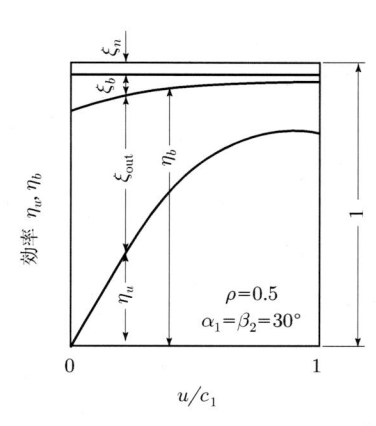

図 5.35 $\rho = 0.5$ の反動タービンの相対的損失と効率の関係

(12) 翼列の流出角

翼列から流出したガスは，ノズル角度と等しくはならない．翼列を出た後，ガスは通路いっぱいに広がるため，軸方向速度が減少するのに対し，円周方向成分は変化しないためである．図 5.36 に示すように，流出部に断面 m–m と 1–1 を考える．簡単のため，m–m および m–1′ の部分の圧力は等しいものとする．流量および翼列方向の運動量の保存則から，

$$c_m \rho_m a = c_1 \rho_1 t \sin \alpha_1$$
$$a c_m^2 \rho_m \cos \alpha_m = t c_1^2 \rho_1 \sin \alpha_1 \cos \alpha_1$$

となる．ここで，ρ はガスの密度である．この方程式を解いて，

$$\tan \alpha_1 = \frac{a}{t} \frac{1}{\cos \alpha_m} \frac{\rho_m}{\rho_1}$$

となる．限界圧力以下の圧力降下の場合には $\rho_m = \rho_1$ としてよい．したがって，

$$\tan \alpha_1 \approx \frac{a}{t} \frac{1}{\cos \alpha_m} \tag{5.74}$$

となる．α_1 が α_m にほぼ等しければ，

$$\alpha_1 = \arcsin \frac{a}{t} \tag{5.75}$$

より求めることができるが，実際には次のような偏向角 δ_p が生ずる．

$$\alpha_1 = \arcsin \frac{a}{t} + \delta_p \tag{5.76}$$

試験によって得られたデータを図 5.37 および図 5.38 に示す．図 5.37 は出口マッハ数が亜音速の場合，図 5.38 は超音速の場合である．図 5.38 の横軸はノ

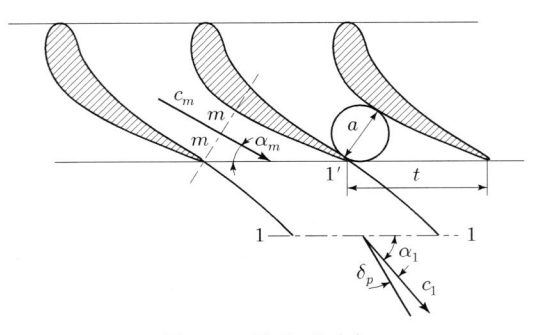

図 **5.36** 翼列の流出角

ズル全圧と出口静圧の比で，1.89がノズルでチョークしていることに相当する．

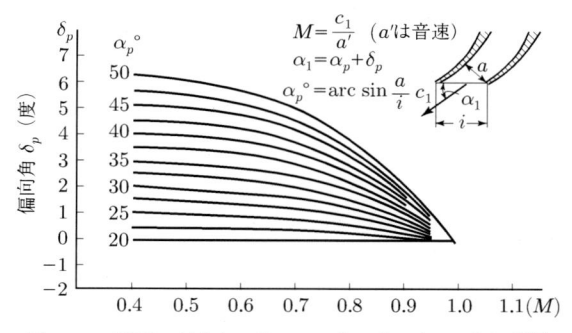

図 5.37 翼列の偏向角の出口 M_2 との出口角 α_p と関係[2]

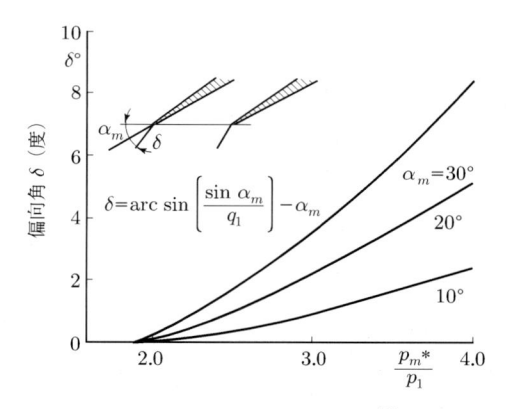

図 5.38 タービン翼の偏向角[2]

5.5 燃焼器

（1）燃焼器における熱の釣り合い

燃焼器において，外部との熱の出入りがなく，空気に対するエネルギー供給は燃料による化学エネルギーのみとして，かつそれは完全に空気(燃焼ガス)に伝達されるものとする．また，空気の流動による圧力損失がないものとし，図 5.39 により燃焼器前後の熱の釣り合いを考えてみる．

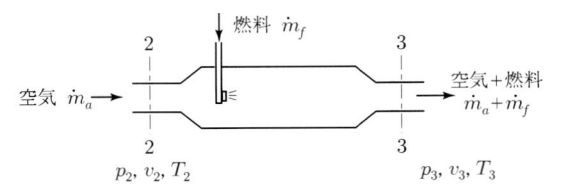

114　5. ジェットエンジン要素の空力設計

図 5.39 燃焼器

断面 2–2 から流入する空気に，燃焼室で空気 1kg 当たり f kg の燃料が加えられ，完全に燃焼して断面 3–3 から流出する．2–2 における流入空気のエンタルピーを i_2，速度を v_2 とすれば，流入空気の全エンタルピーは，

$$i_{2t} = i_2 + \frac{v_2^2}{2} \tag{5.77}$$

となる．この空気に加えられる燃料のエンタルピーを i_f，燃料の低発熱量を h とすれば，燃焼によって空気に与えられる熱エネルギーは，

$$h + i_f \tag{5.78}$$

となる．断面 3–3 より流出する燃焼ガスのエンタルピーを i_3，速度を v_3 とすれば，流出する全エンタルピーは，

$$i_{3t} = i_3 + \frac{v_3^2}{2} \tag{5.79}$$

となる．したがって，空気流量を $\dot{m}_a$ kg/s，燃料流量を $\dot{m}_f$ kg/s とすれば，

$$\dot{m}_a i_{2t} + \dot{m}_f(h + i_f) = (\dot{m}_a + \dot{m}_f) i_{3t} \tag{5.80}$$

となり，あるいは燃空比 $f = \dot{m}_f/\dot{m}_a$ を用いて，

$$i_{2t} + f(h + i_f) = (1 + f) i_{3t} \tag{5.81}$$

となる．さらに，$v_3 = v_2$ を仮定すれば，f は 1 より非常に低いので，

$$i_2 + f(h + i_f) = (1 + f) i_3 \tag{5.82}$$

となる．以上は完全燃焼が行われるとしているが，実際は，燃料の持つ化学エネルギーの全部が空気流のエンタルピー増加として現れない．燃焼の化学反応が不完全なうえ，熱の出入りもあるためである．空気流れのエンタルピーの増大と燃料による供給熱量との比を燃焼効率 η_b とすると，式 (5.82) は，

5.5 燃焼器

$$i_2 + f\eta_b(h + i_f) = (1+f)i_3 \tag{5.83}$$

となる．ここで，i_f は h に比べて小さいので，省略すると，

$$i_2 + f\eta_b h = (1+f)i_3 \tag{5.84}$$

となる．この式を書き換えて，

$$\eta_b h f = (1+f)i_3 - i_2 \tag{5.85}$$

となる．f は，通常，1 より非常に小さい値であるから，右辺の f を省略して，

$$\eta_b h f = i_3 - i_2 \tag{5.86}$$

としても誤差は少ない．

ここで，1 kg のジェット燃料が完全に燃焼するために必要な空気量を求めておく．ジェット燃料のケロシンの化学式は C_2H_4 に近い．これと空気 O_2 との反応は，

$$3O_2 + C_2H_4 \rightarrow 2CO_2 + 2H_2O \tag{5.87}$$

である．これより，燃料1モルに対して完全燃焼するためには，酸素3モルが必要である．空気中の酸素割合より，これは空気 14.28 モルに相当する．したがって，1 kg の燃料に対して約 15 kg の空気が必要となる．このときの燃空比は $f_{量論比} = 0.066$ となる．

ここで，入口温度 400 K，出口温度 1000 K，圧力 1 MPa の燃焼器で，$\eta_B = 0.98$ のときの f を，式 (5.86) より求めてみる．ケロシンの低発熱量は 43115 kJ/kg であり，空気の 400 K，1000 K におけるエンタルピーは，それぞれ 400 kJ/kg，1050 kJ/kg であるから，

$$f = \frac{1050 - 400}{0.98 \times 43115} = 0.0153$$

となる．この逆数である空燃比は約 65.3 となる．f の値は，一般に 0.008〜0.025 である．

燃焼器入口，出口のエンタルピー差は，代表比熱を用いて求める方法もある．入口，出口温度の平均温度 700 K における燃焼ガスの比熱を，図 2.1 より求めると 1.10 kJ/kgK であるから，

$$f = \frac{1.10 \times (1000 - 400)}{0.98 \times 43115} = 0.0156$$

となる．

(2) 燃焼の特性

安定した連続燃焼が可能な混合比から，空気流量をしだいに増加していき，空燃比がある値になると空気が多過ぎて連続燃焼が不可能になる．この限界を希薄限界という．逆に空気量をしだいに減少すれば，過濃限界の吹き消えがある．したがって，ある範囲の空気流量に対して安定した燃焼の限界があることがわかる．

可燃限界内の空気と燃料との混合気には，特定の燃焼速度がある．これは，空燃比，温度，圧力，静止または流れている状態によって異なるが，層流の場合で 1 m/s，乱流の場合で 5 m/s で，割合低い値である．このため，燃焼している範囲では，空気速度はできるだけ低くする必要がある．代表的な混合気に対する燃焼速度と濃度との関係を図 5.40 に示す．横軸の ϕ は当量比で，以下により定義される．

$$\phi = \frac{\dot{m}_f/\dot{m}_a}{[\dot{m}_f/\dot{m}_a]_{量論混合気}} \tag{5.88}$$

希薄混合気では $\phi < 1$，過濃混合気では $\phi > 1$ である．第 4 章の数値例で求めたように，必要なタービン入口温度を保つための燃空比 f は 0.017 程度であるから，これは当量比 0.26 にあたる．したがって，単純に燃焼器で空気と燃料を予混合させ燃焼させることはできない．燃料は空気の一部と混合して燃焼させ，できた高温ガスを空気で希釈しなければならないわけである．

(3) 燃焼負荷率

燃焼負荷率は，燃焼器の単位容積，単位時間当たりの発熱量である．いま，燃焼によって発生する熱量を Q_B とし，燃焼器の内筒容積を V_B とすると，燃焼負荷率 q_B は次式により定義される．

$$q_B = \frac{Q_B}{V_B} \tag{5.89}$$

あるいは，

$$q_B = \frac{\dot{m}_f h \eta_b}{V_B} \tag{5.90}$$

航空用ガスタービンでは，$1.5 \sim 4.0 \times 10^8$ kJ/m³h である．

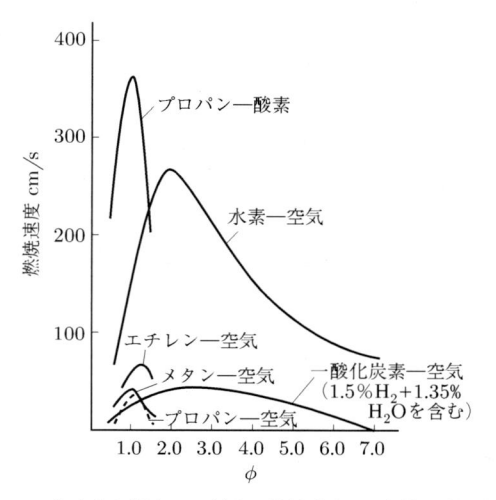

図 5.40 代表的な混合器に対する燃焼速度 S_u と濃度との関係[3]

(4) 再燃焼器 (アフターバーナー)

再燃焼器は入口温度が高く,理論燃料/空気比に近い状態にすることができるため,主燃焼器より単純な形態で作動させることができる.代表的な再燃焼器の形状を図 5.41 に示す.燃料はタービン出口の環状部で噴射され,下流で蒸発,混合する.火炎は保炎器(フレームホルダー)に捕らえられる.火炎面は斜め衝撃波の角度が決定されるのと同じように,流れ速度と火炎面の伝播速度から決定される角度を持っている.

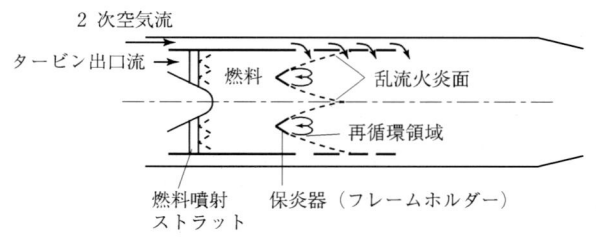

図 5.41 アフターバーナーの模式図

以下,簡単なモデルからアフターバーナーの設計則を求める.図 5.42 にフ

レームホルダー後方の混合領域詳細を示す．この混合領域の滞留時間は，L_e/v に比例する．ここで，L_e は再循環ゾーンのスケールを表し，v は混合領域の速度を表す．滞留時間が短ければ炎は消える可能性がある．v とこの混合ゾーンにおける着火に必要な時間 τ と L_e が，安定のために重要なパラメータであることが予想される．したがって，無次元の安定パラメータ $v\tau/L_e$ が存在する．このパラメータは，吹き消えの条件である特定の値をもつはずである．それを β_c とする．

$$\frac{v\tau}{L_e} = \beta_c \tag{5.91}$$

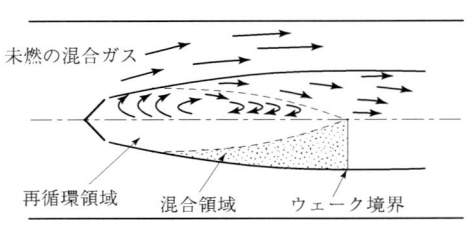

図 5.42 混合領域詳細

乱流混合領域の相似則より，L_e の代わりに再循環域の最大長さ L，その領域のエッジの速度 v_2 を導入しても，一般性は失われない．

$$\frac{v\tau}{L_e} = \left(\frac{v}{v_2} \cdot \frac{L}{L_e}\right)\left(\frac{v_2\tau}{L}\right) = \beta_c \tag{5.92}$$

相似な乱流混合領域では，

$$\frac{v}{v_2} \cdot \frac{L}{L_e} \text{ は一定であるから，} \frac{v_2\tau}{L} = \text{一定} \tag{5.93}$$

となる．多くの実験で，この式の有用性が確かめられているが，τ を計算で求めるのは難しい．吹き消えの臨界状態で τ_c を定義すると，$\tau_c \equiv L/v_{2c}$ が得られるから，

$$\left.\frac{v_{2c}\tau_c}{L}\right|_\text{blowoff} = 1 \tag{5.94}$$

である（β_c は τ_c に吸収されたことになる）．この式の有用性は，化学プロセスは τ_c に，流体力学的プロセスは v_{2c}/L に総括していることにある．式 (5.94) で表される v_{2c} が，安定な燃焼を与える最大速度になる．次に，この式により

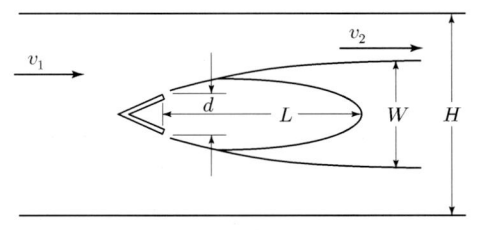

図 5.43 解析モデル

フレームホルダを設計する．

図 5.43 に解析用モデルを示す．この図をもとに，$v_{1c}\tau_c/H$ を求めると，

$$\frac{v_{1c}\tau_c}{H} = \left(\frac{v_1}{v_2}\right)\left(\frac{L}{W}\right)\left(\frac{W}{H}\right) \tag{5.95}$$

となる．フレームホルダと燃焼ガスのウェークが流路をふさぐため，v_2 は増加する．ウェークの幅と再循環領域の長さの間には，実験によると，

$$\frac{L}{W} = 4 \tag{5.96}$$

の関係がある．また，連続の式より，

$$\rho v_1 H = \rho v_2 (H - W)$$

または

$$\left(\frac{v_2}{v_1}\right) = \frac{1}{(1 - W/H)} \tag{5.97}$$

となる．式 (5.95) に式 (5.96)，(5.97) を代入すると，

$$\frac{v_{1c}\tau_c}{H} = 4\left(\frac{W}{H}\right)(1 - W/H) \tag{5.98}$$

となる．この式の右辺が最大になるのは $W/H = 1/2$ のときであり，このとき，$v_2/v_1 = 2$ となる．これらの値を上式に代入し，安定で最大の $v_{1\max}$ を求めると，

$$\frac{v_{1\max}\tau_c}{H} = 1 \tag{5.99}$$

となる．実験によれば，式 (5.99) はブロッケージ d/H の 0.2～0.4 範囲でよく成り立っている．ここで，τ_c は化学量論比に対して図 5.44 のように求められているので，式 (5.99) は一つの設計基準を与えている．すなわち，ある入口速度をとったときの流路の幅 H を求めることができる．入口速度を大きくとると

H も大きくなり,したがってエンジン寸法も大きくなることになる.各種エンジンで,アフターバーナーの寸法を比較してみていただきたい.前面面積を小さくするため,速いアフターバーナー流入速度を採用するターボジェットは,相対的に大きなアフターバーナーとなっているのが理解されることと思う.

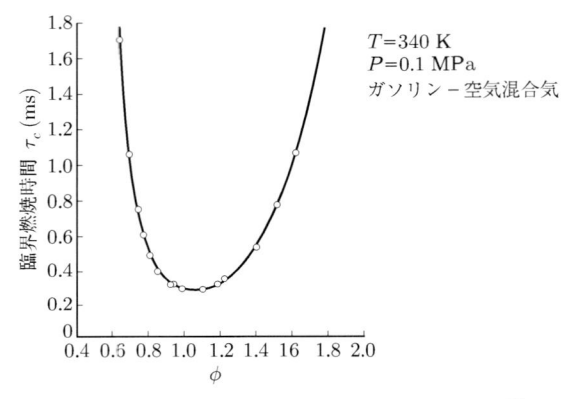

T=340 K
P=0.1 MPa
ガソリン–空気混合気

図 5.44 臨界燃焼時間 τ_c の当量比 ϕ に対する変化[4]

なお,図 5.44 はガソリン–空気混合気のデータであるが,水素–空気混合気の場合は,化学量論比 $\phi = 1$ における τ_c は,ガソリンの場合の約 1/10 である.このことは,第 8 章で述べる超音速燃焼では,重要な役割を果たす.

アフターバーナーを使用したときは,推力が大幅に増大する.たとえば,アフターバーナーの前のガス温度を 900 K,出口温度を 1500 K とすると,その温度比 h_r は 1.66 倍になる.ジェットの噴出速度は温度比の平方根に比例して増大するので,ジェット噴流速度は 1.28 倍となり,これにより推力も約 30 % 増大することになる.

ただし,アフターバーナーを使用すると,燃料消費量は極端に増大する.温度上昇が圧力の高いところで起こる燃焼器の場合と違い,低圧で燃焼させるため,燃焼効率が悪いためである.図 5.45 に示すように,高度 6000 m で,マッハ数 0.9 で飛行しているアフターバーナーなしのときの燃料消費量を 0.95 kg/h/kgf とすると,同じ条件で 70%アフターバーナーを使用すると,消費量は 2.25 kg/h/kgf となる.このため,アフターバーナーの使用は,通常,短時間に制限される.

5.5 燃焼器

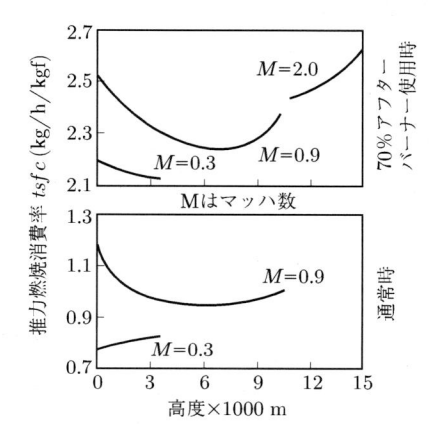

図 5.45 アフターバーナーの使用時の燃料消費率[5]

例題 5.1 周速 260 m/s，軸方向流入速度 160 m/s，動翼相対流入角度 45°，相対流出角度 60°の軸流圧縮機段の動翼速度三角形，および性能を求めよ．ただし，動翼流出軸方向絶対速度と動翼流入軸方向絶対速度とは一致させる．流体は空気とし，入口の全圧 0.1 MPa，全温 300 K，流量 10 kg/s，$c_p = 1.00$ kJ/kgK，$k = 1.40$，段効率 0.92 とする．

解 速度三角形の記号は図 5.7 にしたがうものとする．題意より，

$$u = 260 \text{ m/s}, \; c_{1a} = 160 \text{ m/s}, \; \beta_1 = 45°, \; \beta_2 = 60°$$

である．

入口： $w_1 = c_{1a}/\sin\beta_1 = 226.2$ m/s,
$w_{1u} = c_{1a}/\tan\beta_1 = 160$ m/s,
$c_{1u} = u - w_{1u} = 100$ m/s,
$\alpha_1 = \tan^{-1} c_{1a}/c_{1u} = 57.9°$,
$c_1 = c_{1u}/\cos\alpha_1 = 188.6$ m/s,

出口： $w_2 = c_{1a}/\sin\beta_2 = 184.7$ m/s,
$w_{2u} = c_{1a}/\tan 60 = 92.3$ m/s,
$c_{2u} = u - w_{2u} = 167.7$ m/s,
$\alpha_2 = \tan^{-1} c_{1a}/c_{2u} = 43.6°$,
$c_2 = c_{2u}/\cos\alpha_2 = 231.5$ m/s

空気 1 kg 当たりの段の必要仕事は，式 (5.20) より，

$$L_{st} = u(c_{2u} - c_{1u}) = 17.6 \text{ kJ/kg}$$

全体では，流量をかけて，

$$W_c = L_{st}\dot{m} = 176 \text{ kJ/s}$$

段の温度上昇： $\Delta T = L_{st}/c_p = 17.6°$

入口全温： 300K より

出口全温： $T_2 = T_1 + \Delta T = 317.6$ K

等エントロピー圧縮時の出口全温 T_{2*} は，

$$T_{2*} = T_1 + \eta_c \Delta T = 300 + 0.92 \times 17.6 = 316.1 \text{ K}$$

出口全圧： $P_2 = P_1(T_{2*}/T_1)^{k/(k-1)} = 0.12$ MPa

以上の速度三角形を図 5.46 に示す．

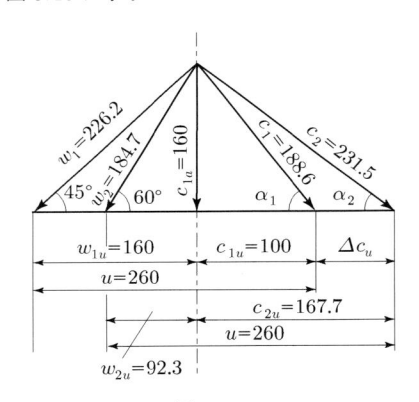

図 **5.46**

例題 5.2 軸流タービン動翼段で，入口全圧 0.7 MPa，全温 1400 K，流量 10 kg/s とする．動翼の周速 320 m/s，軸方向流入速度 210 m/s，軸方向流出速度 250 m/s，動翼絶対流入角度 21°，動翼出口相対流出角度 34° とするときの動翼速度三角形および性能を求めよ．ただしガスの $k = 1.33$, $c_p = 1.15$ kJ/kgK，およびタービン効率 $\eta_t = 0.96$ とする．

解 速度三角形の記号は図 5.28 にしたがうものとする．題意より，

$$u = 320 \text{ m/s}, c_{1a} = 210 \text{ m/s}, c_{2a} = 250 \text{ m/s}, \alpha_1 = 21°$$

動翼入口： $c_1 = c_{1a}/\sin\alpha_1 = 585.9$ m/s,

$c_{1u} = c_1 \cos\alpha_1 = 546.9$ m/s,

$w_{1u} = c_{1u} - u = 226.9$ m/s,

$$\beta_1 = \tan^{-1} c_{1a}/w_{1u} = 42.7°,$$
$$w_1 = w_{1u}/\cos\beta_1 = 308.7 \text{ m/s}$$
動翼出口： $w_{2u} = c_{2a}/\tan 34 = 370.6$ m/s,
$$c_{2u} = w_{2u} - u = 50.6 \text{ m/s},$$
$$\alpha_2 = \tan^{-1} c_{2a}/c_{2u} = 78.5°,$$
$$c_2 = c_{2u}/\cos\alpha_2 = 253.8 \text{ m/s},$$
$$w_2 = w_{2u}/\cos 34 = 447.0 \text{ m/s},$$
流動ガス 1 kg が発生する仕事は，式 (5.51) より，
$$L_u = u(c_{1u} + c_{2u}) = 320 \times (546.9 + 50.6) = 191.2 \text{ kJ/kg}$$
段全体では，流量をかけて，
$$W_t = L_u\dot{m} = 191.2 \times 10 = 1912 \text{ kJ/s}$$
段の温度降下： $\Delta T = L_u/c_p = 191.2/1.15 = 166.2$ K
出口全温： $T_2 = T_1 - \Delta T = 1400 - 166.2 = 1233.8$ K
等エントロピー膨張したときの出口全温：
$$T_{2*} = T_1 - \Delta T/\eta_t = 1400 - 166.2/0.96 = 1226.8 \text{ K}$$
出口全圧： $P_2 = P_1(T_{2*}/T_1)^{k/(k-1)} = 0.411$ MPa
以上の速度三角形を図 5.47 に示す．

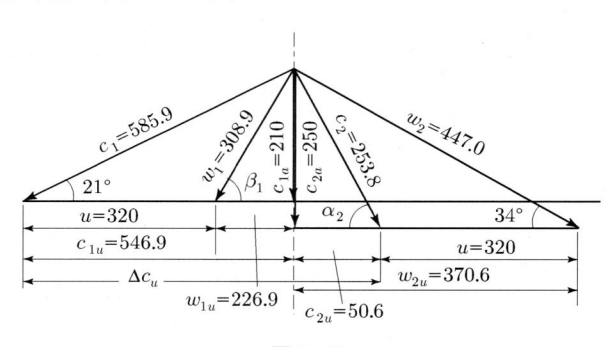

図 **5.47**

参 考 文 献

[1] S.Lieblein, "Experimental Flow in Two Dimensional Cascades" Aerodynamic Design of Axial Flow Compressors, NASA SP 36, revised, 1965
[2] 浜島 操，ガスタービン－理論と設計－，p.190 図 6.23，p.192 図 6.26，コロナ社，1973 年
[3] R.A.Strehlow, Fundmentals of Combustion, Fig.7-7, International Textbook Company, 1968

[4] E.E.Zukoski and F.E.Marble, "Gas Dynamic Symposium on Aerothermo-chemistry,1955", p.205, Northwestern University, Evanston, Illinois, 1956
[5] Rolls-Royce 社,ザ・ジェット・エンジン,p.178,Fig.16-9,日本航空技術協会,1992 年

6 全体システムおよび運転

前章では，ジェットエンジンを構成する個々のコンポーネントの空力特性，および設計方法について述べたが，本章では，ジェットエンジン全体について，その性能，および安定性について定性的に述べる．

6.1 圧縮機の空力特性

図 6.1 に多段軸流圧縮機の特性曲線を示す．横軸は圧縮機に流入する体積流量を示し，縦軸は圧力比を表している．それぞれの曲線は，回転数一定および効率一定状態に対応するものである．

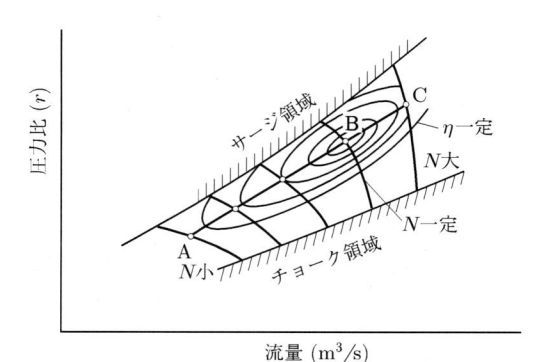

図 6.1 多段軸流圧縮機の特性曲線

この特性曲線から明らかなように，空気流量の減少とともに圧縮機の圧力比は増大していくが，ある限界点で不安定となる．この限界点をサージング点とよんでいるが，詳しくは 6.3 項において説明する．それぞれの特性曲線上には，回転数と流量とがマッチした条件で運転できる一つの点があり，ジェットエンジンはこの点を結んで運転される．この運転点を結んだものが，図において曲

線 ABC で示されている．この曲線 ABC のことを作動曲線または運転曲線とよぶ．圧縮機断熱効率 η ($\Delta H_{ad}/\Delta H$) もこの作動曲線上で極大となるようになっている．この流量が増加したときに，圧力比が急激に低下するのが多段軸流圧縮機の特徴であり，とくに回転数が高いときには，圧力比と流量の関係はほとんど垂直線となる．

計画点 (たとえば，図の B 点) より流量を増大すれば，図から明らかなように，圧縮機の圧力と効率が急激に低下する．流量を減少するといくぶん圧力が上がるが，その後，急速にサージング状態になる．この理由を，動翼の速度三角形をもとに考察する (図 6.2 参照)．計画点では，流入空気流量と回転数がマッチングしているので，流入速度ベクトルと動翼入口角度 β_1 は一致してい

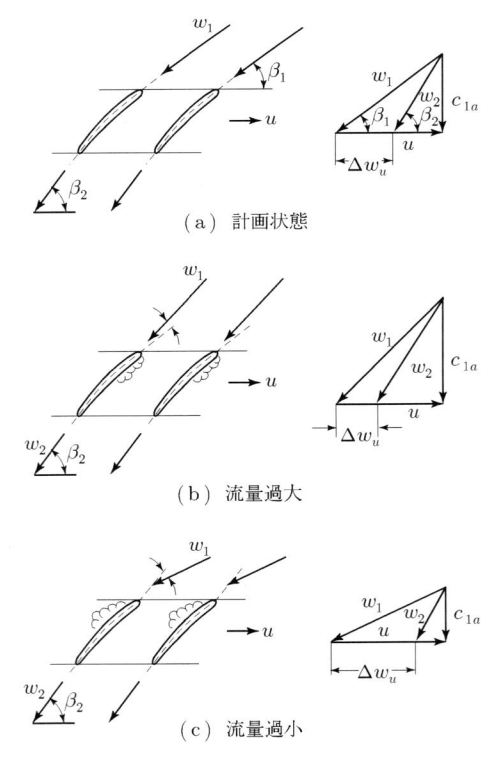

(a) 計画状態

(b) 流量過大

(c) 流量過小

図 6.2 流量が変化した場合の動翼まわりの流れと速度三角形

る．このため，衝撃損失はなく，迎え角 $i=0$ である (図 (a))．流量が過大になったときには，流入速度の軸方向成分 c_{1a} が大きくなり，迎え角が図のように負となり，翼の正圧面側に剥離流が生ずる．このとき，Δw_u も小さくなり，したがって翼の圧力比も減少する (図 (b))．この状態がはなはだしいときには，流れはチョークし，エンジン吹き消え (フレームアウト) につながる．流量が過小になったときには，逆に c_{1a} が小さくなり，迎え角が正となり，翼の負圧面側に剥離流が生ずる．このとき，Δw_u も大きくなり，翼の圧力比は大きくなる (図 (c))．軸流圧縮機はこのように，サージ領域とチョーク領域に囲まれた狭い範囲で作動する．エンジンの加速，減速は，燃料流量をスロットルレバーにより増減させて行われるが，急速な流量の増減はエンジン作動点がサージ領域に移ったり，チョーク領域に移動したりするので危険である．

6.2 翼列失速 (旋回失速)

翼列の翼面負荷を上げていくと，たとえば拡散係数 D が 0.6 を超えると翼面失速が起こり，損失が急上昇することはすでに述べた．どこかの翼で起こった失速は，翼列のなかで伝播していく．失速が伝播する理由は，図 6.3 のうえから明らかである．ある流路のなかで失速が生じると，部分的にその流路をふさぐので，流れは隣りの流路にかたよる．図示したように，これは食い違い方向の入射角を増し，逆方向の入射角を減らす．その結果として，失速領域は食い違い方向に移動する．経験的に，この伝播速度は翼列方向速度の 0.4 から 0.6 倍である．翼列が動翼の場合には，静止座標系で見ると，失速が動翼の回転と同方向に回転速度の 0.4 から 0.6 倍の速度で回転するように見える．動翼下流の静翼でも同時に失速が伝播する．このように，失速している翼が伝播していく現象を旋回失速という．

旋回失速は，圧縮機では危険な現象である．これは，圧力上昇したときの安定性の限界を示すもので，この種の非定常流れは，翼の激しい振動を励起する．

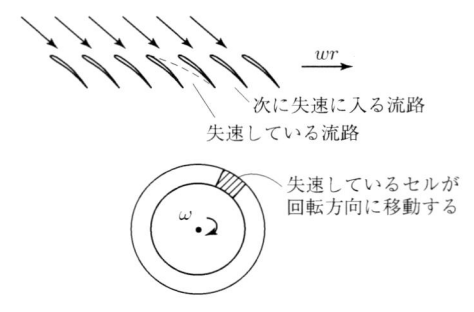

図 6.3 旋回失速の伝播機構

6.3 サージング

サージングは，圧縮機そのものだけでなく，上流側に位置するダクトや下流側にある燃焼室，タービンノズルを含めた，一つのシステムのもつ空力不安定現象である．作動中のエンジンでサージが起こると，圧縮機を通る空気が突然停止し，「ババーン」，「ドーン」というような爆裂音が起こり，民間旅客機の場合は乗客を動揺させる．何度も繰り返すと空気取り入れ口，ファン，ファン支持構造に損傷を与える．超音速機の場合には，空気取り入れ口にサージによる衝撃波が発生し，構造を破壊するのに十分な過大圧力が生ずることがある．

(a) サージの原因

ジェットエンジンのサージ発生の原因を，グレイツァー (Greitzer) の研究[1]から概説する．エンジンを図 6.4 のように，圧縮機下流に大きな貯気室，絞りのあるシステムと考えることができる．この場合，貯気槽は燃焼器に相当し，絞りは第 1 段のタービンノズルに相当する．圧縮機特性および絞り特性を図 6.5 に示す．横軸は軸方向速度 c_x を周速 u で割った無次元流量を，縦軸は圧縮機圧力上昇を $\rho u^2/2$ で割った無次元圧力を表している．a は正常な作動領域を，b は旋回失速領域であり，圧縮機には正常に流れているセルと流れがないセルが混在し，全体では効率も圧力比も低い領域である．c は逆流領域を表している．軸流圧縮機は逆流領域を含め，普通，このような特性をもっている．

圧縮機円環内流れを多数の平行流管に分け，そのおのおのが上図のような特性をもち，すべてが同じ部屋から吸い込み別の同じ部屋に吐き出す，すなわち

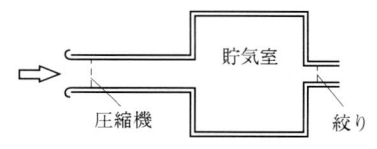

図 **6.4** 圧縮システムのモデル

入口全圧や出口静圧は等しいとする．圧縮機が点 A のような負の傾斜をもって作動していたとする．かりに平行流管の一つの流量が，なんらかの理由で増加し，ほかの流管では減少し，全体では全流量は変化しないとしたとき，各流管の振る舞いを考えてみる．流量が増した流管では，圧力上昇が低下し，入口，出口の圧力が固定されているので，これは流れの減速につながり，最初の流量過多を修正して，流れを安定な作動点にもどす．同様に，負の流量外乱を受けた流管では，高い圧力上昇が流れを加速し，やはり初期擾乱を修正する．したがって，点 A では流管の流量交換について流れは安定である．

同じ議論により，傾斜が正の点 B ではこのような擾乱は成長し，流量が増えるとより安定な A 点に向かい，流量が減少すると D 点に向かう．点 E では傾斜がゼロなので，圧縮機は隣接流管の流量交換について中立安定である．

圧縮機内の流れは，最初，傾斜ゼロの E 点で不安定になり，旋回失速となる．旋回失速まで達したシステムが，それ以上特性曲線上を一巡する不安定なサージに発展するかは，システムの残りの要素，主に吐き出し側の貯気室との関係に依存する．Greitzer は四元一階の微分方程式を数値的に解き，この依存性は次の2種類の時間比，すなわち B ファクターにより説明できることを明らかにした．

図 6.5 で $\Delta p_{\min}$ から Δp_{des} まで高めるに要する時間は，

$$\tau_{\text{charge}} = \frac{(\Delta p/RT)V_p}{\text{圧縮機流量}} \tag{6.1}$$

であり，もう一つの時間は，流れが圧縮機を通る時間で，

$$\tau_{\text{flow}} = \frac{\rho V_c}{\text{圧縮機流量}} \tag{6.2}$$

である．ここで，V_p は貯気室の容積，V_c は圧縮機の容積である．両者の比は

$$T = \frac{\tau_{\text{charge}}}{\tau_{\text{flow}}} = \frac{(\Delta p/\rho)}{RT}\frac{V_p}{V_c} \tag{6.3}$$

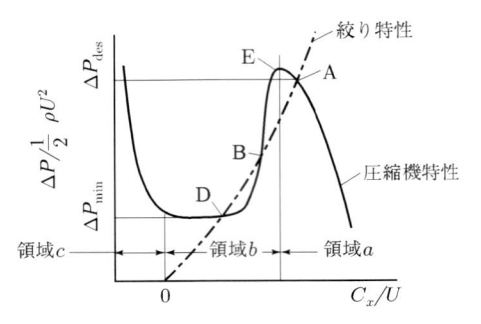

図 6.5 圧縮機特性および絞り特性

となる．Greitzer は，T と同様な以下の遷移応答パラメータ B を導入した．

$$B = \frac{u}{2a}\sqrt{\frac{V_p}{V_c}} \tag{6.4}$$

ここで，u は圧縮機周速，a は入口状態の音速である．図 6.6 に $B = 0.60$ の，図 6.7 に $B = 1.58$ の場合の圧縮機の遷移応答を示す．$B = 0.60$ では，系は旋回失速に入り，$B = 1.58$ では，系はサージ状態に入る．旋回失速とサージを分ける B の値は $B = 0.70$ である．系がサージに入ると図 6.7 から明らかなように，流量，圧力は広い範囲で変動し，場合によっては系の破壊につながるので，ジェットエンジンとして絶対避けなければならない．ここでは，これらの研究の一例を紹介したが，系の安定を判別するパラメータは上記 B ではなく，BN（N は段数）という説もあり，研究のさらなる発展が期待されている．

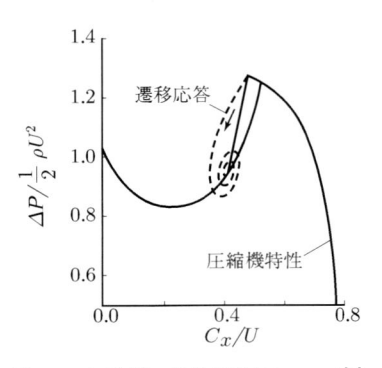

図 6.6 圧縮機の遷移応答 ($B = 0.6$)[1]

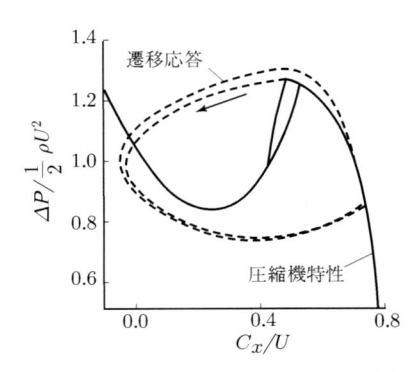

図 6.7 圧縮機の遷移応答 ($B = 1.58$)[1]

6.4 運転曲線

本節では，ジェットエンジンの加速，減速の際の振る舞いについて学ぶ．たとえば，最大回転数の60％で運転しているときに加速する場合を考える．単軸圧縮機の例を図6.8に示す．横軸は後述の修正流量で示している．パイロットが加速するため，スロットルレバーを押し，燃焼室に供給する燃料流量を増やすと燃焼ガスの体積流量が増える．タービンノズルは開度一定の絞りであるから，下流の抵抗が増えたことになる．この管路抵抗が増えた情報は，音の速さで上流側に伝わり，圧縮機はそれに対抗すべく流量を減らし，吐き出し圧を上昇させる．すなわち，運転点は変わり，あたかも流量調節弁の開度を絞ったかのように動く．そして，それに遅れて回転数が上がり加速が始まる．そこで，加速中の圧縮機運転曲線は，図に示すように定常運転中のそれよりサージ線に近づくことになる．逆に減速時には，運転線の軌跡はチョーク側に移るので，単軸圧縮機ではサージは発生しない．

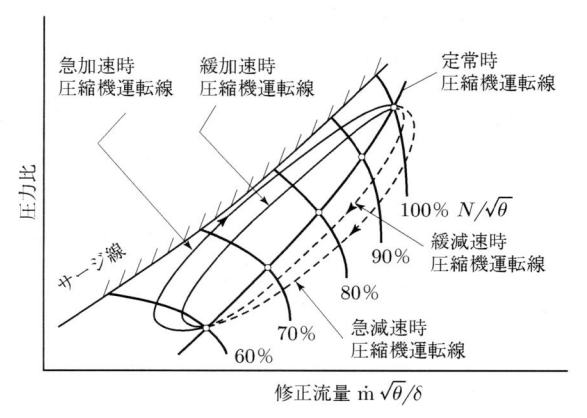

図 6.8 加速，減速時の圧縮機運転線

ただし，高圧，低圧の2軸圧縮機の場合は，少し様子が違ってくる．スロットルレバーを押すと，慣性の小さい高圧圧縮機は，燃料流量の変化に敏感に反応し，単軸圧縮機と同様な運転軌跡を示す．しかし，慣性の大きい低圧圧縮機は，同じ流量変化に対して，高圧圧縮機よりつねに回転の追随が遅れるため，吐き出し圧が低く加速中はチョーク側を通る．逆に減速では，下流の高圧圧縮

機が急減速し,吸込み量が激減するため,慣性の大きい低圧圧縮機は,まだ高回転しているにもかかわらず,小流量で運転しなければならない.このため,減速中の低圧圧縮機の運転曲線は,サージ側に近づくことになる.

6.5 修正性能

ジェットエンジンの性能は,外気圧や温度の影響を敏感に受けるため,同じエンジンを同一の条件で運転しても,大気の状態(エンジンの入口条件)が異なれば性能も異なる.一般に,エンジン性能は標準大気(15°C, 1気圧)状態に修正して比較することになるが,そのためには,二つの運転状態の相似パラメータを一致させる必要がある.

流体の相似パラメータには,次のようなものが知られている.

① マッハ数:流体の圧縮性の影響を表す.

$$M = \frac{v}{\sqrt{kRT}} \tag{6.5}$$

② レイノルズ数:流体の粘性の影響を表す.

$$Re = \frac{\rho v l}{\mu} \tag{6.6}$$

③ ペクレー数:流体の伝熱性の影響を表す.

$$Pe = \frac{\rho v l c_p}{\lambda} \tag{6.7}$$

④ フルード数:流体に働く重力の影響を表す.

$$Fr = \frac{v^2}{gl} \tag{6.8}$$

ここで,l は代表的長さ,μ は粘性係数,λ は熱伝導率,ρ は密度である.

上記をすべて同時に実現させるのは不可能であるから,このうち最も重要なものによる影響を検討すれば十分である.ジェットエンジン内を流れるガス流れの研究では,多くの場合,重力の作用および外部との熱交換を省略できる.したがって,考慮に入れなければならない基本因子は,圧縮性と粘性である.そのため,相似の基準はマッハ数とレイノルズ数である.ガスの高速流に対しては,粘性は,普通,二次的な役割を果たすので,ジェットエンジン内のガスの相似な流れは,十分な精度をもって,マッハ数の相似則を適用すればよい.

6.5 修正性能

したがって，入口状態を基準にした軸方向速度に関するマッハ数 M_a ($= c_{a1}/\sqrt{kRT_1}$)，または周速度に関するマッハ数 M_u ($= u/\sqrt{kRT_1}$) が等しければ，双方の運転状態の相似が保証されるといえる．ここで，添字1はエンジン空気取り入れ口を表す．c_{1a} は入口軸方向速度，u は周速である．また，M_a の代わりに体積流量パラメータ $Q/\sqrt{T_1}$，および質量流量パラメータ $\dot{m}\sqrt{T_1}/p_1$ を用いても，同様に相似条件が保証されている．これは以下のように，これら二つのパラメータは結局 M_a を等しく取っていることになるからである．

$$\frac{Q}{\sqrt{T_1}} = \frac{Ac_{a1}}{\sqrt{T_1}} = \frac{Ac_{a1}\sqrt{kR}}{\sqrt{kRT_1}} = A\sqrt{kR}M_a \tag{6.9}$$

$$\frac{\dot{m}\sqrt{T_1}}{p_1} = \frac{Q\rho_1\sqrt{T_1}}{p_1} = \frac{Qp_1}{RT_1}\frac{\sqrt{T_1}}{p_1} = \frac{Q}{R\sqrt{T_1}} = \frac{A}{R}\sqrt{kR}M_a \tag{6.10}$$

また，M_u のかわりに，エンジン回転数を特徴づける $N/\sqrt{T_1}$ を用いることもできる．

$$\frac{N}{\sqrt{T_1}} = \frac{60u}{\pi D\sqrt{T_1}} = \frac{60}{\pi D}\frac{u\sqrt{kR}}{\sqrt{T_1}\sqrt{kR}} = \frac{60\sqrt{kR}}{\pi D}M_u \tag{6.11}$$

以上の議論をもとに，高空での運転状態を地上標準大気における運転状態に修正する方法を求める．その前に，本節の以上の議論は，圧力 p，温度 T を全圧，全温としても，M_a，M_u に関する関係は不変であるので，以下，本項では，温度，圧力は全温，全圧として扱う．地上標準状態における諸量には，添字 a をつけ，高空で得られた諸量には，添字を付けないものとすると，質量流量に関して，

$$\frac{\dot{m}_a\sqrt{T_{1a}}}{p_{1a}} = \frac{\dot{m}\sqrt{T_1}}{p_1}$$

より，地上の修正質量流量は，

$$\dot{m}_a = \dot{m}\frac{p_{1a}}{p_1}\sqrt{\frac{T_1}{T_{1a}}} = \dot{m}\frac{\sqrt{\theta}}{\delta} \text{ (kg/s)} \tag{6.12}$$

となる．ここで，$\theta = T_1/T_{1a}$，$\delta = p_1/p_{1a}$ である．同様に，回転数に関して，

$$\frac{N_a}{\sqrt{T_{1a}}} = \frac{N}{\sqrt{T_1}}$$

より，修正回転数は，

$$N_a = N\sqrt{\frac{T_{1a}}{T_1}} = N/\sqrt{\theta} \text{ (rpm)} \tag{6.13}$$

となる．以下，諸パラメータの修正方法をまとめると，

修正スラスト： $\quad F_a = F\dfrac{p_{1a}}{p_1} = \dfrac{F}{\delta}$ (kN) $\tag{6.14}$

修正燃料流量： $\quad \dot{m}_{fa} = \dot{m}_f\sqrt{\dfrac{T_{1a}}{T_1}}\dfrac{p_{1a}}{p_1} = \dfrac{\dot{m}_f}{\delta\sqrt{\theta}}$ (kg/s) $\tag{6.15}$

修正燃料消費率： $\quad tsfc_a = \dfrac{\dot{m}_{fa}}{F_a} = \dfrac{tsfc}{\sqrt{\theta}}$ (mg/Ns) または (kg/h/N)
$$\tag{6.16}$$

修正軸出力： $\quad shp_a = \dfrac{shp}{\delta\sqrt{\theta}}$ (hp) $\tag{6.17}$

また，エンジン入口以外で得られた温度 T，圧力 p は，以下のように地上の値に修正できる．

修正温度： $T_c = \dfrac{T}{\theta}$ (K) $\tag{6.18}$

修正圧力： $p_c = p\delta$ (MPa) $\tag{6.19}$

なお，地上標準大気状態の温度，圧力は JIS にて，

$$T_a = 288 \text{ K}, \ p_a = 0.1013 \text{ MPa} \tag{6.20}$$

と定められている．

例題 6.1 高空 (温度 $-50°$，圧力 0.0264 MPa) において，推力 $F = 23.5$ kN，回転数 $N = 11500$ rpm，燃料流量 4020 kg/h の諸量が得られた．このエンジンの修正スラスト，修正回転数，修正燃料消費率 ($tsfc$) を求めよ．

解
(1) $T_1 = -50 + 273.2 = 223.2$ K, $p_1 = 0.0264$ MPa
(2) $\theta = T_1/T_{1a} = 223.2/288 = 0.775$
(3) $\delta = p_1/p_{1a} = 0.0264/0.1013 = 0.260$
(4) 燃料消費率：
$$tsfc = \frac{\dot{m}_f}{F} = \frac{4020 \times 10^6}{(23500 \times 3600)} = 47.5 \text{ mg/Ns}$$
(5) 修正スラスト： $F_a = F/\delta = 23500/0.260 = 90.38$ kN

（6） 修正回転数： $N_a = N/\sqrt{\theta} = 11500/\sqrt{0.775} = 13063.1$ rpm
（7） 修正燃料消費率： $tsfc_a = tsfc/\sqrt{\theta} = 47.5/\sqrt{0.775} = 53.9$ mg/Ns

参 考 文 献

[1] E.M.Greitzer, Surge and Rotating Stall in Axial Flow Compressors, Part1: Theoretical Compression System Model, Transactions of the ASME, Journal of Engineering for Power, p.190-198, Fig.5(b), Fig.7(b), 1976

7 ジェットエンジンの実際

本章では，ジェットエンジンの開発の軌跡をたどり，われわれが到達したエンジン性能の現在値を概説する．エンジンデータは民間機用のものに限らせていただくのは，軍用エンジンのデータの秘匿性からやむを得ないと考える．

7.1 最近のジェットエンジンの発達動向

ジェットエンジンは，1950年代に，ボーイング B707 やダグラス DC-8 などの民間旅客機に導入された．導入された JT3C および JT4A エンジンは，純粋のターボジェットであった．旅客機にジェットエンジンを導入するのは，ピストンエンジンと経済的に対抗できるターボプロップエンジンが先で，ターボジェットエンジンはその次ではないかといわれていたときに，ボーイングの設計陣は敢然と，純粋ジェットエンジン装備の旅客機を世に問うた．ジェット旅客機は，それまでのピストンエンジン機に比べて速度で2倍，旅客数で2倍と，採用した航空会社に4倍以上の旅客輸送量をもたらした．それまで12時間を要していたニューヨーク～ロンドン間は6時間に短縮され，航空輸送は一気にジェット機時代を迎えた．

ついで 1960 年代には，初期の低バイパスターボファンエンジンが登場する．すなわち，ボーイング B727 や B737 のような中距離旅客機に，低バイパスの JT8D エンジンが採用され，民間エンジンのファンエンジン化がスタートした．しかし，低バイパスターボファンエンジンは，すぐに，より高効率の高バイパスターボファンエンジン JT9D，CF6，RB211 などに進化し，1970 年代に，ボーイング B747 やロッキード L1011，ダグラス DC-10，エアバス A300 などのワイドボディ機に採用された．とくに B747 は，デビューとともにマスコミから「ジャンボジェット」の愛称をさずかり，大衆航空輸送時代の幕開けを告げる

記念すべき傑作機となった．世界中の空港で，ひときわ高くそびえる B747 の垂直尾翼と，そこに描かれた各航空会社の誇らしげなマークは，1970 年代以降おなじみの風景となった．

ワイドボディ機がそろった後，1980 年代には，ボーイング B767 やエアバス A320 などのセミワイドボディの中距離機が開発され，エンジンも V2500 や CFM56 のような，低燃費型の高性能・高バイパス比エンジンが採用された．旅客輸送機の最新型機は，1990 年代に登場したボーイング B747-400 および B777 である．B747 の基本型は，初飛行以来 20 年以上を経過し，多くの派生型が生まれ，運行会社を悩ませていたのをボーイング社は整理統合し，空力特性を改善した B747-400 として再登場させた．エンジンも，開発の限界を超えた JT9D は PW4000 シリーズに改められ，CF6，RB211 とも最新型の高性能エンジンに改められている．

特筆すべきは，超大型双発機の B777 である．機体が要求する推力は，既存エンジンではまかないきれないため，エンジン各社は新エンジンの開発に着手し，RR トレント，PW4084，GE90 として結実している．これらの超大型高バイパスファンエンジンは，ジェットエンジンが到達した一つの極限の姿を示していると著者は考えている．これらエンジンのファン外径は 2800〜3100 mm であり，近づいてながめると，人類が開発した原動機の偉大さに感無量となるのは，著者一人ではないと思う．

(a) 輸送量の増大

ジェットエンジンの発展を展望するまえに，ジェット機が実現した航空輸送全体の伸びをみてみたい．航空輸送の伸びを表すには，いろいろの方法があるが，ここでは一機の輸送機が運ぶ乗客の数 × 輸送距離，すなわちマン・キロメータとして比較し，図 7.1 に示す．

ジェット機幕開け時代のピストンエンジン機の最終傑作機で，文字通り七つの海に雄飛していたダグラス DC-7C は，0.9×10^6 マン・キロメータであった．これに対して，初期のジェット旅客機(慣用的に第一世代旅客機とよんでいる)の代表であるボーイング B707 は，1.4×10^6 マン・キロメータであり，ジェット旅客機は導入の初期で，ピストン機を 50% 以上凌駕していた．単にマン・キ

138　7. ジェットエンジンの実際

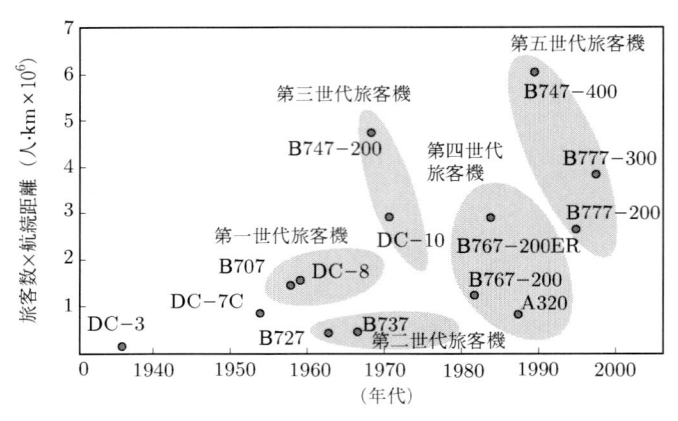

図 **7.1**　ジェット旅客機輸送能力の向上

ロメータの比較だけではなく，これに巡行速度の違いを加味すると，その差は歴然である．次世代のジェット中距離機(第二世代旅客機)ボーイング B727 や B737 のマン・キロメータはいったん低下するが，すぐ次の世代のワイドボディ機(第三世代旅客機)になると，ダグラス DC-10 で 2.9×10^6 と第一世代の 2 倍となり，ボーイング B747-200 では 4.7×10^6 と第一世代機の 3 倍以上の輸送能力を示している．航空各社が競って導入したわけである．

セミワイドボディの第四世代旅客機ボーイング B767 などのマン・キロメータは，第三世代旅客機 DC-10 クラスであるが，第五世代旅客機ボーイング B747-400 は，6.0×10^6 と記録的なオーダーとなっている．これはひとえに機体の大きさと航続距離の大きさに起因するもので，第五世代旅客機の B777 は双発機でありながら，東京—ニューヨーク間を無着陸で運用するまでになっている．

上記でみた各世代の旅客機は，また以下のように各世代のエンジンと対応している．

　第一世代旅客機：ターボジェットエンジン
　第二世代旅客機：低バイパス比ターボファンエンジン (第一世代ターボファン)
　第三世代旅客機：高バイパス比ターボファンエンジン (第二世代ターボファン)
　第四世代旅客機：低燃費型ターボファンエンジン (第三世代ターボファン)
　第五世代旅客機：超大型高バイパス比ターボファン (第四世代ターボファン)

(b) 燃料消費率の低下

単位推力当たりの燃料消費率(すなわち，TSFC)が低下してきた様子を図7.2に示す．TSFCの値は巡航時のものである．各世代ごとに，段階的に燃料消費率が下がってきたことがわかる．これらのTSFCの大幅な低減は，設計・製造技術の進展による各構成要素の効率の向上，耐熱合金および空冷技術の進歩によるタービン入口温度の上昇と，それにマッチした高圧化による全体熱効率の向上，バイパス比の増大による空気流量の増大による熱効率の向上などにより実現したものである．

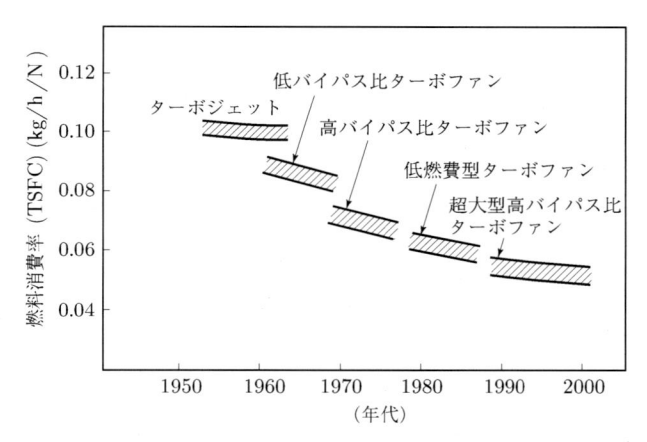

図 7.2 燃料消費率 (TSFC) の低下 (巡航時)

(c) エンジン圧力比

エンジン圧力比の向上を図7.3に示す．とくにGE90の圧力比は40以上であり，第1章で示したMe262のエンジンユンカース・ユモ004B-1エンジンの3.14に比べると隔世の感がある．

(d) タービン入口温度

タービン入口温度の上昇を図7.4に示す．現在では，入口温度1500°Cまで実用化されている．これらの入口温度の上昇は，耐熱材料の進歩，一方向凝固合金や単結晶合金などの鋳造技術の進歩，および冷却技術の進歩によるものである．

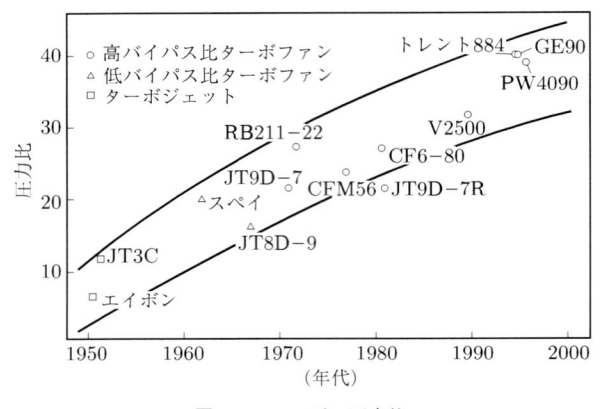

図 **7.3** エンジン圧力比

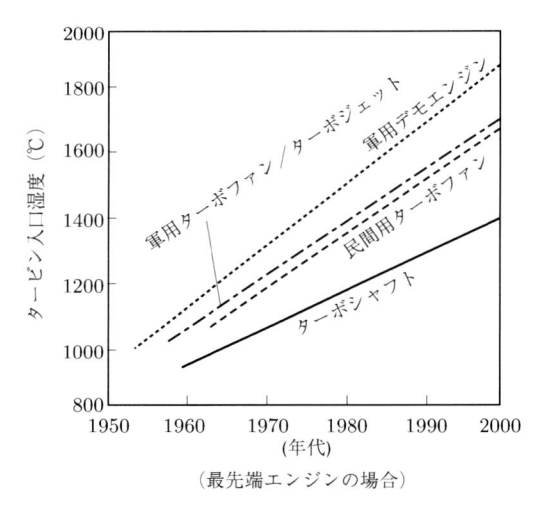

図 **7.4** タービン入口温度の遷移[1]

(e) 推力重量比

エンジン推力と重量の比(推重比)を図7.5に示す．最近の大型ターボファンエンジンの推重比は6前後である．これらの推重比の上昇は，主として高バイパス比によるものであるが，もちろん複合材の使用によるエンジン軽量化の努力も見のがすことができない．エンジン推重比の大切さは，ここまで説明していなかったが，民間機の場合は，航続距離の向上に結びつくため，重要なファ

図 7.5 推力重量比

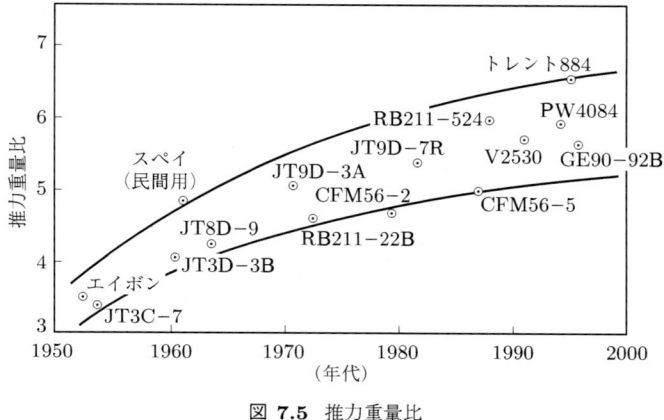

クターである．

(f) 騒音レベルの推移

騒音レベルの推移を図 7.6 に示す．縦軸は実効感覚騒音レベル (Effective Perceived Noise Level: EPNL) で表示している．人間の耳の感覚は，音の強さの対数に比例して認識する．そこで，音圧レベル SPL (Sound Pressure Level) を次のように，基準値との比で定義して，騒音の程度を測る．

$$\text{SPL} = 20 \log \left(\frac{p}{p_0} \right) \tag{7.1}$$

ここで，p_0 は人間に聞こえる最低限の音圧として 0.00002 Pa と取る．感覚騒音は，この SPL を各周波数帯ごとに求めて積算したもので，実効感覚騒音レベル EPNL は，これにさらに騒音の持続時間と純音性の特異音 (不快音) の補正をしたものである．単位は EPNdB で表す．

著者の感覚でも，最近のファンエンジンの騒音は驚くほど低くなっている．これは，バイパス比の増大により，排気ガスの噴出速度が減少したことが大きいが，そのほかにもファン騒音の低減や吸音材の採用など，騒音低減努力が効を奏したものである．

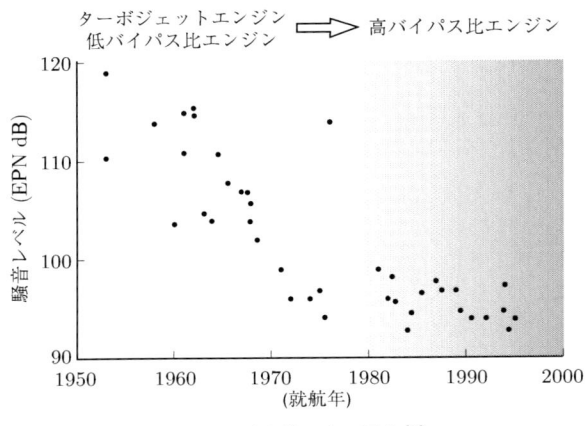

図 7.6 航空機騒音の遷移 [2]

7.2 現用ジェットエンジン各論

現在,わが国で使用されているジェットエンジンのうちから,各世代ごとに1機種を選んで,その構造と性能の概要を述べる.純粋のターボジェットは,民間エンジンではもう使われていないので,第一世代のファンエンジンからJT8D,第二世代ファンエンジンからRB211,第三世代エンジンからV2500,第四世代エンジンからGE90を選ぶこととする.

(a) JT8D ターボファンエンジン

JT8D エンジンは,プラット・アンド・ホイットニー (P&W) 社が短・中距離輸送機用に開発した低バイパス比ターボファンエンジンで,各型がボーイングB727,B737,DC-9,MD-81 などに広く使われている.1960 年に開発され,1963 年に FAA (米国連邦航空局) の型式承認を得た.1964 年 1 月から,B727 によるコマーシャル・サービスが開始された.

(a) 性能・諸元

JT8D の現在の系列には,JT8D-9,-15,-209,217C,-219 など多くの派生型がある.このうち,代表的なモデルの性能・諸元を表 7.1 に示す.

表 7.1 JT8D エンジンの性能・諸元

JT8D モデル		-9	-15	-209	-217C	-219	備考
離昇推力	kN	64.4	68.9	85.5	92.6	96.4	
巡航推力	kN	18.2	18.2	21.9	23.2	23.3	
直径	mm	1080	1080	1250	1250	1250	
全長	mm	3137	3137	3911	3911	3911	
重量	kg	1532	1549	2056	2072	2092	
ファン段数		2	2	1	1	1	
ファン圧力比							
バイパス比		1.04	1.03	1.78	1.73	1.77	
圧縮機段数		6+7	6+7	6+7	6+7	6+7	低圧段 + 高圧段
総圧力比		15.9	16.5	17.4	18.6	19.5	
空気流量	kg/s	145.0	146.0	213.0	219.0	221.0	
燃焼器種別		9C	9C	9C	9C	9C	9ヶ×缶型
タービン段数		1+3	1+3	1+3	1+3	1+3	高圧段 + 低圧段
離昇燃料消費率	g/h/N	60.7	64.2	52.0	51.0	53.8	
巡航燃料消費率	g/h/N	82.3	82.7	73.8	75.1	75.2	
推力重量比		4.29	4.54	4.25	4.56	4.71	

(b) **構造** (JT8D-200 の構造図を図 7.7 に示す)

型式：低バイパス比，軸流 2 軸式，フロントファン・エンジン，ファン排気はロング・ダクト (混合排気) 方式．

空気取入れ口：23 枚の固定式入口案内翼がある (最近ではめずらしい)．

ファン：1 段式フロントファンで，34 枚のチタニウム合金製ファンブレードにパートスパン・シュラウドが付いている．

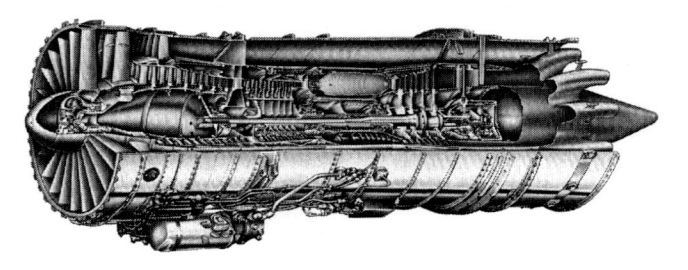

図 7.7 JT8D-200 エンジン構造図 (PRATT & WHITNEY 社提供)

低圧圧縮機：軸流6段(モデル-15までは，そのうち，前の2段はファンでもある)で，内軸により低圧タービンで駆動される．ブレードはチタニウム合金製．

高圧圧縮機：軸流7段で，外軸により高圧タービンで駆動される．ブレードはチタニウム合金またはステンレス製．始動時や低速運転中のストール防止のため，13段目で抽気を行っている．

燃焼室：カンニュラ型で，9個の燃焼室で構成される．各燃焼室ライナ前端中央部に，噴射ノズル各1個が装着されている．No.4とNo.7にイグナイタが付いている．

高圧タービン：軸流1段で，ノズルガイドベーンおよびタービンブレードともに空冷構造となっている．

低圧タービン：軸流3段で，ノズルガイドベーンおよびタービンブレードは，ともに無冷却となっている．

(b) RB211ターボファンエンジン

RB211エンジンは，イギリスのロールスロイス(Rolls-Royce)社が，ロッキード L-1011 トライスター旅客機用に開発した，3軸の高バイパス比ターボファンエンジンである．1972年2月にCAA(英国民間航空局)の，4月にFAAの型式承認が得られた．このFAAの承認と同時に，トライスター機で運用に入った．

(a) 性能・諸元

RB211には，RB211-22B，-524B，-524D4，-524G，-524-H など多くの派生型がある．おもな派生型の性能・諸元を表7.2に示す．

(b) 構造(RB211–524G/H の構造を図7.8に示す)

形式：3軸式，高バイパス比，高圧力比の前方ファン方式のターボファンエンジン．

ファン：オーバーハング1段で低圧タービンにより駆動される．24枚のワイドコードブレードはチタニウム合金製．ノーズコーンは複合材．ファン出口に制御可能なガイドベーンが付いている．

中圧圧縮機：軸流7段の圧縮機は，中圧タービンにより駆動される．チタニウム製のデスクとスチールのデスクからなるドラムをボルトで結合

表 7.2 RR RB211 エンジンの性能・諸元

RB211 モデル		-22B	-524B	-524D4	-524G	524H	備考
離昇推力	kN	186.6	222.2	235.5	257.8	269.3	
巡航推力	kN	42.2	48.8	49.9	49.3	49.3	
直径	mm	2154	2180	2180	2192	2192	直径はファン径
全長	mm	3033	3106	3106	3175	3175	
重量	kg	4171	4452	4479	4387	4387	
ファン段数		1	1	1	1	1	
ファン圧力比							
バイパス比		5.00	4.40	4.40	4.30	4.30	
圧縮機段数		7+6	7+6	7+6	7+6	7+6	低圧段 + 高圧段
総圧力比		25.0	28.0	31.0	33.0	35.0	
空気流量	kg/s	626.0	671.3	671.0	728.0	728.0	
燃焼器種別		A	A	A	A	A	A：アニュラー
タービン段数		1+1+3*	1+1+3	1+1+3	1+1+3	1+1+3	
離昇燃料消費率	g/h/N						
巡航燃料消費率	g/h/N	64.0	63.2	62.9	58.1	58.1	
推力重量比		4.57	5.09	5.37	6.00	6.27	

＊：高圧圧縮機，低圧圧縮機，ファン駆動用タービンの段数

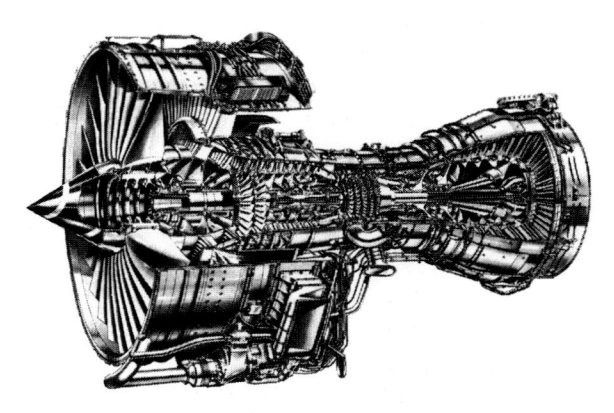

図 7.8 RB211-524G/H 構造図 (ROLLS-ROYCE 社提供)

して，一つのローターを形成している．ブレードはチタニウム合金製，静翼はスチール製．1段のチタン合金製インレットガイドベーンが付いている．

高圧圧縮機：軸流6段で高圧タービンにより駆動される．デスクはチタニウム合金製，スチール製，ニッケル合金製であり，ボルト結合している．ブレードはおのおのチタニウム合金製，スチール製，ニッケル合金製となっている．静翼はスチール製とニモニック製．

燃焼器：ニッケル合金のコンバスタとスチール製のケーシングから構成されるフルアニュラー燃焼器．18個のスプレイバーナーが付いていて，No.8とNo.12に点火器がある．

高圧タービン：軸流1段で，ブレード材質は一方向凝固鋳造のニッケル合金．コンベクションおよびフィルム冷却．ブレードはニッケル合金製のデスクにファーツリーにより装着されている．

中圧タービン：軸流1段で，ブレード材質は一方向凝固鋳造のニッケル合金．ニッケル合金製のデスクにファーツリーにより装着されている．

低圧タービン：軸流3段で，ブレード材質は一方向凝固鋳造のニッケル合金．スチールのデスクにファーツリーにより装着されている．

排気ノズル：深いシュートタイプのミキサーを持つ統合型ノズル．

潤滑：ロール軸受とボール軸受とを組み合わせた4個の軸受室に，ドライサンプ方式でオイルを連続供給する．

(c) V2500 ファンエンジン

V2500エンジンは，1983年に設立されたIAE (International Aero Engines) により開発された，低燃費・高バイパス比の中型機用ファンエンジンである．IAEには，当初5カ国のメーカー (RR, P&W, JAEC (IHI, MHI, KHI), MTU, Fiat) が参加し，各社分担して開発にあたったが，日本のメーカーは，ファンモジュールの開発を担当した．V2500エンジンは，1988年6月に型式承認を獲得し，1989年5月からサービスを開始した．

(a) 性能・諸元

V2500エンジンには，V2527-A5, V2530-A5, V2525-D5, V2522-A5, V2533-A5など多くの派生型があるが，主要な派生型の性能・諸元を表7.3に示す．

(b) 構造 (V2500-A5/D5の構造を図7.9に示す)

形式：2軸．前方ファン式の亜音速ターボファンエンジン．

7.2 現用ジェットエンジン各論

表 7.3 V2500 エンジンの性能・諸元

V2500 モデル		2527-A5	2530-A5	2525-D5	2522-A5	2533-A5	備考
離昇推力	kN	117.7	133.3	111.1	97.7	147.0	
巡航推力	kN	21.5					
直径	mm	1600	1600	1600	1600	1600	
全長	mm	3200	3200	3200	3200	3200	
重量	kg	2500	2331	2382	2359	2500	
ファン段数		1	1	1	1	1	
ファン圧力比		1.70	1.70				
バイパス比		4.75	4.60	4.80	4.90	4.40	
圧縮機段数		4+10	4+10	4+10	4+10	4+10	低圧段＋高圧段
総圧力比		27.4	31.6	27.2	25.2	33.4	
空気流量	kg/s	384.0	384.0	384.0	384.0	384.0	
燃焼器種別		A	A	A	A	A	A：アニュラー
タービン段数		2+5	2+5	2+5	2+5	2+5	高圧段＋低圧段
離昇燃料消費率	g/h/N	35.7	36.7	35.7	34.6	37.7	
巡航燃料消費率	g/h/N	58.6	58.6	58.6			
推力重量比		4.81	5.84	4.76	4.23	6.00	

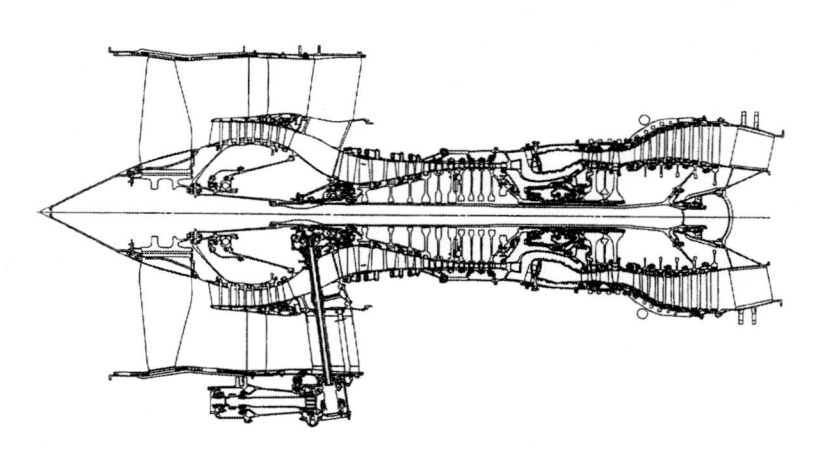

図 7.9 V2500-A5/D5 構造図 ((財) 日本航空機エンジン協会提供)

ファン：ワイドコードのシュラウドなし1段ブレード．
低圧圧縮機：軸流4段でファン後部にボルト止めされている．
高圧圧縮機：軸流10段，ドラムローターに取り付けられている．インレットガイドベーンと前3段のベーンは可変である．

燃焼器：アニュラー型．分割構造とし，フープストレスを緩和するとともに，低エミッション，均一温度を実現している．

高圧タービン：軸流2段．空冷単結晶ブレード．デスクは粉末冶金(やきん)製．アクチブ・チップ・クリアランス制御方式を採用している．

低圧タービン：無冷却軸流5段．同じくアクチブ・チップ・クリアランス制御方式を採用している．

コントロール：FADEC (full authority digital electronic control) により，燃料流量，静翼角度，ブリード量，タービンおよび排気ケーシングの冷却，オイルの冷却などの制御を行っている．

(d) GE90 ターボファンエンジン

GE90 ターボファンエンジンは，1990 年代の新しいワイドボディ機の要求に応じるために，ゼネラル・エレクトリック (GE) 社により開発された超高バイパス比のターボファンエンジンで，ファン外径 3124 mm，バイパス比 9 は現存のエンジンでは最大である．この高バイパス比が，燃料消費を従来のエンジンより 10 % 以上改善し，ノイズレベルを下げるのに多いに貢献している．GE90 エンジンは，1995 年 11 月に型式承認を獲得すると同時に，商業運行を開始した．なお，最新型のモデル-115B は，2001 年に推力 535.25 kN という世界記録を出し，現在，世界で最も強力なジェットエンジンである．

(a) 性能・諸元

GE90 ターボファンエンジンには，GE90-76B, -85B, -90B, -92B, -115B と各種の派生型がある．主要な型の性能・諸元を表 7.4 に示す．

(b) 構造 (GE90-115B の構造を図 7.10 に示す)

形式：超高バイパス比 2 軸ターボファン．ダブルドーム燃焼器を採用．

ファン：バイパス比約 9 の低速度，低圧力比のファンを採用．ファンは複合材製．ブレードはシュラウドなしのワイドコード翼．構造を兼ねるアウトレット・ガイドベーンが付いている．ファンブレードとアウトレット・ガイドベーンの枚数とすきまを最適にすることにより，ノイズを減らしている．

7.2 現用ジェットエンジン各論

表 7.4 GE90エンジンの性能・緒元

GE90 モデル		-76B	-85B	-90B	-92B	-115B	備考
離昇推力	kN	339.6	376.5	400.0	408.9	511.6	
巡航推力	kN	77.8	77.8	85.0	85.0		
直径	mm	3404	3404	3404	3404	3556	
全長	mm	5182	5182	5182	5182	5400	
重量	kg	7559	7559	7559	7559	8618	
ファン段数		1	1	1	1	1	
ファン圧力比							
バイパス比		9.00	8.70	8.40	8.30	8.90	
圧縮機段数		3+10	3+10	3+9	3+9	4+9	低圧段 + 高圧段
総圧力比		40.0	40.0	40.0	40.0	39.5～45.5	
空気流量	kg/s	1361.0	1415.0	1449.0	1461.0	1641.0	
燃焼器種別		A	A	A	A	A	二重アニュアル
タービン段数		2+6	2+6	2+6	2+6	2+6	高圧段 + 低圧段
離昇燃料消費率	g/h/N			28.3			
巡航推力消費率	g/h/N		53.0	53.5			
推力重量比		4.58	5.08	5.40	5.52	6.05	

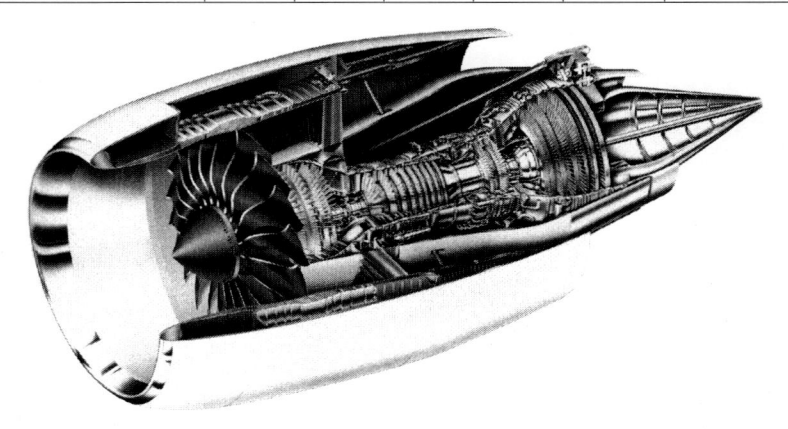

図 7.10 GE90-115B 構造図 (GENERAL ELECTRIC 社提供)

低圧圧縮機：ファンとともに回転する軸流3段，低速，低圧力比，低騒音が特徴．

高圧圧縮機：軸流10段(-90以降のモデルは9段)，インレットガイドベーンと1から5までの静翼は可変．圧力比23を実現．GE/NASA の E^3 エンジン (Energy Efficient Engine) の技術が採用されて，この高圧力

比を実現している．全体の圧力比は 45 と未曾有のレベルである．

燃焼器：ダブルアニュラー燃焼器を採用し，低 NO_x エミッションを実現．低推力時には，外の燃焼器を使用し，推力を増大するときには，内側の燃焼器も作動するようになっている．

高圧タービン：径の小さい軸流 2 段．単結晶のブレードに粉末冶金製デスク．ケーシングは，アクチブ・クリアランス制御を採用．

低圧タービン：径が大きく，かつ増大する軸流 6 段．比較的ロードを押え，高効率と低騒音を実現している．ケーシングはアクチブ・クリアランス制御を採用．

コントロール・システム：FADEC により燃料流量，可変インレット・ガイドベーン，およびアクチブ・クリアランスの制御を行っている．

参 考 文 献

[1] 館野昭：航空エンジン開発の現状と課題，日本航空宇宙学会誌，第 50 巻，第 587 号，p298，第 5 図，2002 年
[2] 中村良也：航空環境問題の将来，日本航空宇宙学会誌，第 48 巻，第 552 号，p27，第 3 図，2000 年

8

将来型エンジン

　本書は，航空機エンジンとしてのジェットエンジンを扱ってきた．多くのジェット旅客機は，コンコルドが引退した現在，高亜音速領域を飛んでいる．戦闘機は，戦闘時の速度としてマッハ2以上で飛行できる能力を備えているが，巡航時には，旅客機と同様，高亜音速領域で飛行している．現在，マッハ数3で巡航できるのは戦略偵察機 SR-71 のみである．

　最近，宇宙へ到達する手段として，空気吸い込み式 (air breathing) エンジンが注目されている．これは完全再使用型宇宙機の推進手段として，低高度 (宇宙から見て) で空気吸い込み式エンジンを使用し，宇宙機の酸素搭載量を減らそうという試みであり，ラムジェットエンジン，超音速燃焼ラムジェット (Supersonic Combustion RAMjet SCRAM) エンジン，エアーターボラムジェット (Air-Turbo Ramjet ATR) エンジンなどが研究されている．本章では，これらの超高速機用エンジンの概要を述べ，その比推力の比較を行うとともに，宇宙に到達する手段としての組合せについて論ずる．

　各論に入る前に，各種エアーブリージングエンジンの性能をマッハ数とともに比較したものを図 8.1 に示す．縦軸の性能は比推力 I であり，推力 F を重量流量で割って，次のように定義する．

$$I = \frac{F}{\dot{m}_f g} \tag{8.1}$$

ここで，$\dot{m}_f$ は燃料の質量流量，g は重力加速度である．F の単位は N であり，燃料流量の単位は kg/s であるから，I の単位は s (秒) となる．ターボジェットエンジンは，マッハ数1前後の性能はよいが，飛行マッハ数が上がるにしたがって，流路の中にさらされているタービン入口温度が高くなり，タービン翼の強度上の制限により最適な回転数を維持できなくなり，性能が急速に低下してくる．これに対して，ラムジェットエンジンは，流路の中に可動部分が無い

ため，そのような制限はない．飛行マッハ数が 2〜3 と上がるにしたがって，ラム圧縮効果により燃焼器入口圧力が上昇し，性能も良好となる．しかし，マッハ数が 6 以上では，燃焼生成物が解離するため，温度上昇が頭打ちになり性能が急速に低下してくる．スクラムジェットエンジンでは，燃焼室の局所マッハ数をラムジェットエンジンのように下げずに超音速のままで燃やすことにより，燃料が有効に使われることを狙ったエンジンで，図示のように飛行マッハ数 6 以上でよい性能を示す．液体ロケットエンジンの性能を参考のために示したが，液体酸素を搭載する分だけ性能は低く 500 秒程度であり，もちろん飛行マッハ数に関係しない．

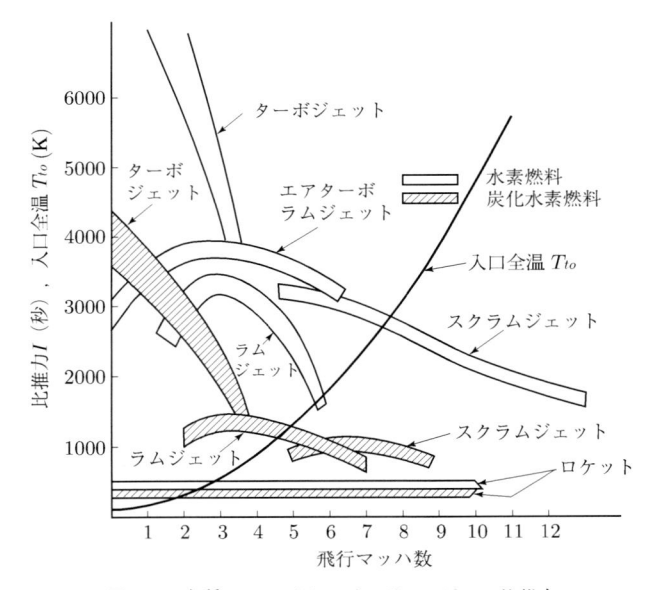

図 8.1　各種エアーブリージングエンジンの比推力

燃料は，炭化水素燃料と水素燃料の場合を示しているが，水素のほうが単位質量当たりの発熱量が高く，その分高性能である．また，超音速中の燃焼は燃焼速度の高い水素でのみ可能と思われる．図 8.1 の性能は，燃料を水素とした場合の推定である．

高い飛行マッハ数では，たとえ可動部分が無くても，すべての部品は高温に

さらされることになる．入口全温は飛行マッハ数の関数として，

$$T_{t0} = T_0 \left[1 + \frac{k-1}{2} M_0^2\right] \tag{8.2}$$

のようになる．同図には，高度 30000 m における入口全温を参考のため表示しているが，ことに飛行マッハ数が 6 以上では，有効な冷却手段無しではいかなるエンジンも存在し得ない．その高い冷却能力の点で，液体水素はとくに有用である．

8.1 ラムジェットエンジン

ラムジェットは概念上，もっとも簡単な航空機エンジンといえる．図 8.2 にラムジェットエンジンの模式図を示す．位置を表す添え字 0 はエンジンの十分上流を，1 から 2 は亜音速ディフューザを表し，燃料は 2 の下流で噴射されるものとする．0 から 1 に至る吸い込み管で，流れは超音速から亜音速に減速されるが，その詳細には触れずに，まずラムジェットエンジンの加速機構の概要を述べ，ラムジェットエンジンが高いマッハ数で有利になることを説明してみたい．

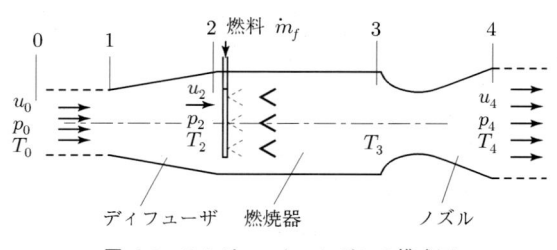

図 8.2 ラムジェットエンジンの模式図

（1） ラムジェットエンジンのサイクル

ディフューザ 1 から 2 までは，流れは亜音速である．亜音速流に対して断面積が拡大しているため，このディフューザ内で流れは減速する．すなわち，$u_0 > u_2$ となる．ここで，単位流量当たりの空気の運動エネルギーの差 $(u_0^2/2 - u_2^2/2)$ は，熱エネルギーの差に変換される．したがって，静温は上昇し $T_2 > T_0$ とな

る．同時に静圧力は，p_0 から p_2 に増加する．流速が小さければ ($M_2 \ll 1$) 燃焼は等圧で起こり，流体のエネルギーが増し，密度は下がる．

理想的には，流体はもとの圧力まで膨張し，その結果，温度は T_3 から T_4 まで減少し，運動エネルギーは $(u_4^2/2 - u_3^2/2)$ だけ増加する．T_3 は T_2 より大きい．この様子を T–S 線図に表してみると図 8.3 のようになる．圧縮過程 $0 \to 2$ および膨張過程 $3 \to 4$ は，等エントロピー変化としている．$3 \to 4$ 間のエネルギーの差は，$0 \to 2$ 間のエネルギーの差より大きい．よってノズルの運動エネルギーの差は，空気取り入れ口の運動エネルギーの差より大きく，$u_4 > u_0$ となる．単位流量当たりのこの差 $u_4 - u_0$ が，推力 $F = \dot{m}(u_4 - u_0)$ を生む．

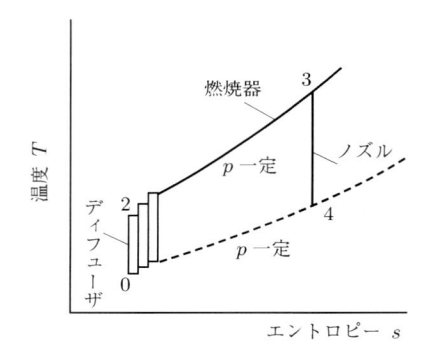

図 8.3 ラムジェットエンジンの性能

熱エネルギーから機械エネルギーへのこの変換は，図 8.3 に示すようにブレイトンサイクルで表される．このサイクルは，小さな長方形で表される $T_2/T_0 = T_3/T_4$ のカルノーサイクルを重ね合わせたものと考えられる．このサイクルの最大効率は，

$$\eta_{th} = 1 - \frac{T_4}{T_3} = 1 - \frac{T_0}{T_2} \tag{8.3}$$

である．T_2 が T_3 に近づいたときのみ (すなわち，温度上昇が燃焼でなく空気取り入れ口で起こるときのみ)，最大効率は極限的カルノーサイクルに η_c に近づく．

理想的なラムジェットの熱効率は，空気取り入れ口の圧縮過程に支配され，これが温度比 T_2/T_0 を決める．$u_2 \ll u_0$ のとき，この比は入口マッハ数 M_0 の

関数として，

$$\frac{T_2}{T_0} = 1 + \frac{k-1}{2}M_0^2$$

のように表される (T_0 は全温ではない．点 0 における静温であることに注意)．したがって，効率は，

$$\eta_{th} = 1 - \frac{T_0}{T_2} = 1 - \frac{1}{1 + \frac{k-1}{2}M_0^2} = \frac{\frac{k-1}{2}M_0^2}{1 + \frac{k-1}{2}M_0^2} \qquad (8.4)$$

となる．ここで，M_0 は飛行マッハ数，k は比熱比である．$M_0 < 1$ のとき，T_0/T_2 は 1 に近づき η_{th} は低くなる．$M_0 > 3$ のとき，上式により η_{th} は高くなることがわかる．

式 (8.4) から明らかなように，ラムジェットエンジンは，機速ゼロでは推力を生まない．ある程度の飛行マッハ数が必要なため，いままで実用化された例はないが，高マッハ数で効率の高いエンジンである点が宇宙機用エンジンとして注目されている．

M_0 が 6 を超えるような高マッハ数では，全温 (総温) が異常に上昇してしまうため，燃料を加えても燃焼熱が空気や燃焼生成物の解離などに使われてしまい，そのため T_3 はそれほど上がらず，したがって推力も上がらなくなってしまう (燃料が有効に使われなくなってしまう)．このため，燃料が有効に使われる程度の温度で燃焼させる，超音速燃焼ラムジェットが考えられているが，それについては次節で扱うこととする．

（2） ラムジェットエンジンの性能

次に，入口から燃焼器までと燃焼器からノズル出口までの間で，等エントロピー流れとなる，簡単化されたラムジェットエンジンの性能について，一次元の検討を行う．図 8.2 と同じ記号を用いることとする．ノズル出口圧力が周囲大気圧まで膨張する理想的なラムジェットでは，推力は，

$$F = \dot{m}u_0\left(\frac{u_4}{u_0} - 1\right) = \frac{\dot{m}a_0 u_0}{a_0}\left(\frac{u_4}{u_0} - 1\right) \qquad (8.5)$$

と表される．ここで，$\dot{m}$ は流入空気流量，a_0 は音速である．両辺を $\dot{m}a_0$ で割って無次元推力を求める．

$$\frac{F}{\dot{m}a_0} = M_0\left(\frac{u_4}{u_0} - 1\right) \qquad (8.6)$$

式 (8.6) の推力を求めるため，まず u_4/u_0 を求める．ノズル出口の全温 T_{t4} は，全温の定義より，

$$T_{t4} = T_4 \left(1 + \frac{k-1}{2} M_4^2\right) \tag{8.7}$$

となる．エンジン入口よりディフューザ出口までとノズルでは全温一定であり，燃焼器でのみエンタルピーが増えるから，T_{t4} はエンジン内の温度の連鎖関係から，

$$T_{t4} = T_0 \frac{T_{t0}}{T_0} \frac{T_{t4}}{T_{t0}} = T_0 \frac{T_{t0}}{T_0} \frac{T_{t3}}{T_{t2}} = T_0 \theta_0 \tau_b \tag{8.8}$$

となる．ここで，θ は全温の周囲大気静温に対する比，τ は全温比とする．したがって，θ_0 は入口全温の静温 T_0 に対する比，τ_b は燃焼器前後の全温比である．ノズル出口全圧は，

$$p_{t4} = p_4 \left(1 + \frac{k-1}{2} M_4^2\right)^{\frac{k}{k-1}} = p_0 \frac{p_{t0}}{p_0} = p_0 \delta_0 \tag{8.9}$$

となる．入口インテークとディフューザおよび出口ノズルでは，流れは等エントロピーであるので全圧一定，また燃焼器では，燃焼は静圧一定で，かつ十分低いマッハ数で起こるので，静圧＝全圧＝一定である．δ_0 は入口全圧の静圧に対する比である．ノズルは理想ノズルとしているので $p_4 = p_0$ である．したがって，式 (8.9) より，

$$\left(1 + \frac{k-1}{2} M_4^2\right)^{\frac{k}{k-1}} = \delta_0 = \left(1 + \frac{k-1}{2} M_0^2\right)^{\frac{k}{k-1}} \tag{8.10}$$

となり，結局 $M_4 = M_0$ となる．また，式 (8.7) より，M_4 と M_0 が等しければ全温比は静温比に等しくなるので，

$$\tau_b = \frac{T_4}{T_0} \tag{8.11}$$

となる．したがって，速度比 u_4/u_0 は，

$$\frac{u_4}{u_0} = \frac{M_4}{M_0} \sqrt{\frac{T_4}{T_0}} = \sqrt{\tau_b} \tag{8.12}$$

となる．これより推力は，

$$\frac{F}{\dot{m}a_0} = M_0(\sqrt{\tau_b} - 1) \tag{8.13}$$

と求められる．次に，比推力 I を求める．h を燃料の発熱量 kJ/kg として，燃焼によるエネルギーのつりあいは，

$$\dot{m}c_p T_{t0} + \dot{m}_f h = (\dot{m} + \dot{m}_f) c_p T_{t3} \tag{8.14}$$

と表される．ここで，c_p は空気の定圧比熱である．上式を変形して，

$$\dot{m}c_p T_0 \theta_0 + \dot{m}_f h = (\dot{m} + \dot{m}_f) c_p T_0 \theta_0 \tau_b$$

となり，これより燃空比 f を求める．

$$f = \frac{\dot{m}_f}{\dot{m}} = \frac{c_p T_0 \theta_0 (\tau_b - 1)}{h - c_p T_0 \theta_0 \tau_b}$$

分母の第 2 項は，第 1 項に比べて小さいので，省略すると，

$$f = c_p T_0 \theta_0 (\tau_b - 1)/h \tag{8.15}$$

となる．以上より比推力 I は，

$$I = \frac{a_0 h}{g c_p T_0} \frac{M_0}{\theta_0} \frac{\sqrt{\tau_b} - 1}{\tau_b - 1} \tag{8.16}$$

と表される．このように，推力，比推力とも飛行マッハ数 M_0，燃焼器温度比 τ_b の関数として表すことができた．

ただし，ラムジェットエンジンは，化学量論比で燃焼させても燃焼ガス温度がどんどん高くなるわけではない．炭化水素燃料や水素燃料では，燃焼生成物が高温で分解されてしまうため，燃焼ガス温度 T_{t3} は約 2500 K で頭打ちになってしまう．図 8.4 は燃焼器出口温度を 2500 K として，ラムジェットエンジン性能を式 (8.16) により求めたものである．計算の詳細は例題 8.1 に示す．マッハ

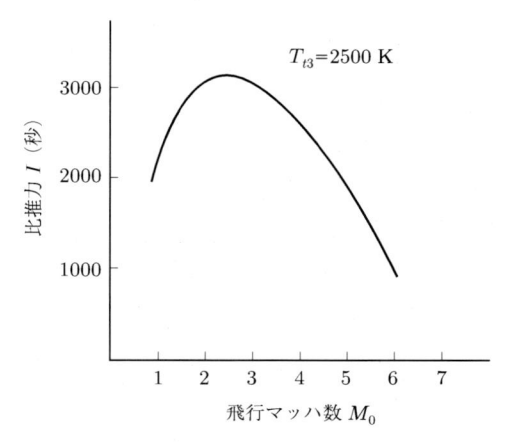

図 **8.4** ラムジェットエンジンの性能

数 2〜5 の範囲で高性能を示しているが，低いマッハ数および 5 より高いマッハ数では，その性能は急速に低下する．低いマッハ数ではラム圧縮効果が期待できないためと，高いマッハ数では燃料が有効に使われなくなるためである．

8.2 超音速燃焼ラムジェット

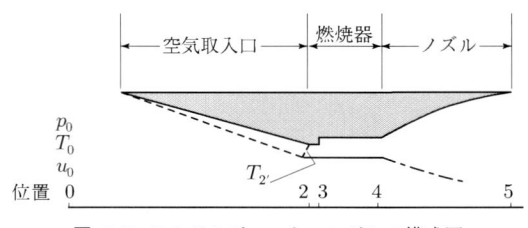

(1) スクラムジェットエンジンの構造

高いマッハ数(極超音速)の流れを亜音速まで減速すると，空気取り入れ口に生じる衝撃波による損失が大きい．また，燃焼前の初期温度が高すぎると，燃焼によるガス温度の上昇が小さくなり，化学エネルギーのほとんどを燃焼生成物の解離に使ってしまう．すなわち，燃料の化学エネルギーが有効に使われなくなってしまう．このようなことを避けるため，流入空気流速を亜音速まで落とさずに超音速の状態で燃焼させるスクラムジェットエンジンが考えられた．

スクラムジェットエンジンは極超音速であり，燃料の発熱が空気流のエネルギーに比べて小さくなるため，流路の空力損失の低減が非常に重要となる．初期のころに考えられたポット型のスクラムジェットエンジンは，抵抗が大きく成立性に疑問がもたれている．これに代わって，機体を空気取り入れ口とノズルの一部に利用する図 8.5 のような機体組込み型が，冷却や重量の点でも有利であることがわかり，現在のスクラムジェットエンジンの研究はほとんどこの型に集中している．

図 8.5 スクラムジェットエンジンの模式図

流入空気は，取り入れ口先端から発生する斜め衝撃波を通じて圧縮される．取り入れ口出口に後向きのステップがあり，その下流から燃料が噴射される．燃焼の影響が上流に及ぶのを避けるため，燃料噴射器上流に一定断面積の分離部 (isolator) が設けてある．燃焼器断面積は，熱チョーク (後述) を避けるため，

下流にいくに従って少し拡大している．流れが燃焼器を通過する時間は 1 ms のオーダーであるため，燃料は燃焼速度の速い水素が有利である．水素を使うことによって，マッハ数の上限も高くすることが可能となる．水素はまた単位質量当たりの発熱量も高く，エンジン比推力も高い．

極超音速の全温はきわめて高く，エンジンのすべての面を冷却する必要がある．冷却方法は，ロケットエンジン推力室のような燃料による再生冷却が考えられる．熱負荷は前縁部以外それほど高くはないが，冷却面積は大きい．また，燃料噴射器やステップには局所的に高い熱負荷がかかるので，フィルム冷却や浸出し冷却を併用する必要がある．

（2） 超音速空気取り入れ口

前節で述べたように，超音速空気取り入れ口の性能は，スクラムジェットエンジンでは非常に重要である．ここでの損失が大きいとエンジン自体の成立がおぼつかなくなってしまう．本節では空気取り入れ口の運動エネルギー効率によって，全圧損失がどのように変化するかを求めて，多少数値的に検討してみることとする．

空気圧縮過程の全圧損失は，圧力回復係数 π_d によって評価することができる．大気の静圧を p_0，ディフューザ入口の全圧を p_{t0} とすると，圧縮が等エントロピー変化でないときにはディフューザ出口の全圧は p_{t0} まで回復することなく，図8.6に示すように p_{t2} までしか回復しない．このとき，圧力回復係数は，

$$\pi_d = \frac{p_{t2}}{p_{t0}} \tag{8.17}$$

で定義される．また，運動エネルギー効率 η_k は，

$$\eta_k = \frac{拡散後の運動エネルギー}{拡散前の運動エネルギー} = \frac{u_2'^2}{u_0^2} \tag{8.18}$$

で定義される．ここで，u_0, u_2' とも図示のように大気圧まで膨張させたときの速度である．ここでは，ディフューザ内の流れを断熱と仮定している．

ポイント2における全圧は，ポイント0における全圧に等しくなくとも，全温は保存されるから，

$$T_{t2'} = T_{t0}$$

である．これより，

160　8. 将来型エンジン

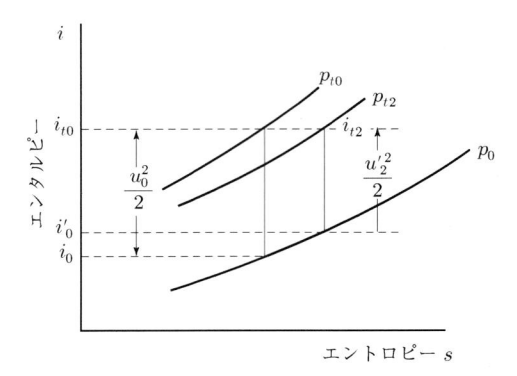

図 8.6 u_0 と u'_2 の定義

$$T'_2 + \frac{1}{2}\frac{u'^2_2}{c_p} = T_0 + \frac{1}{2}\frac{u_0^2}{c_p} \tag{8.19}$$

となる．$\eta_k = (u'_2/u_0)^2$ であるから，

$$\frac{T'_2}{T_0} = 1 + \frac{u_0^2}{2c_p T_0}(1 - \eta_k) \tag{8.20}$$

となる．ディフューザ入口の総圧 p_{t0} は p_0，T_0 により，次のように表される．

$$p_{t0} = p_0 \left(1 + \frac{\frac{1}{2}(k-1)u_0^2}{kRT_0}\right)^{\frac{k}{k-1}} \tag{8.21}$$

同様にディフューザの出口では，

$$p_{t2} = p_0 \left(1 + \frac{\frac{1}{2}(k-1)u'^2_2}{kRT'_2}\right)^{\frac{k}{k-1}} \tag{8.22}$$

であり，全圧回復係数 π_d は，辺々割り算して，

$$\pi_d = \frac{p_{t2}}{p_{t0}} = \left(\frac{T_0}{T'_2}\right)^{\frac{k}{k-1}} \left(\frac{T'_2 + \frac{1}{2}\frac{u'^2_2}{c_p}}{T_0 + \frac{1}{2}\frac{u_0^2}{c_p}}\right)^{\frac{k}{k-1}}$$

となる．式 (8.19)，(8.20) を代入して，

$$\pi_d = \left(1 + \frac{u_0^2}{2c_p T_0}(1 - \eta_k)\right)^{\frac{-k}{k-1}} = \left(1 + (1-\eta_k)\frac{k-1}{2}M_0^2\right)^{\frac{-k}{k-1}} \tag{8.23}$$

となり，飛行マッハ数 M_0 と運動エネルギー効率 η_k の関数として求められる．

現実的な $\eta_k = 0.97$ を与えて π_d を計算すると表 8.1 のようになる．考えられる最高効率を与えても，大きな M_0 では π_d はきわめて小さい．同じマッハ数における垂直衝撃波による π_d はさらに小さくなる．したがって，極超音速の空気取り入れ口の設計はきわめて洗練されたものである必要があり，強い衝撃波は絶対に避けなければならない．

表 8.1 飛行マッハ数 M_0 による圧力回復係数 π_d

飛行マッハ数 M_0	1	2	4	6	8	10	20
π_d (η_k=0.97)	0.9792	0.9203	0.7255	0.5043	0.3206	0.1930	0.0137
π_d (垂直衝撃波)	1.0	0.7209	0.1388	0.0296	0.0084	0.0030	0.00010

（3）高速気流中における加熱

高速気流中の加熱について述べる．外部と熱の授受はあるが摩擦のない断面一定の管内の流れをレイリー流れ (Rayleigh flow) という．スクラムジェットエンジンの燃焼器を模擬したレイリー流れのモデルを図 8.7 に示す．入口の断面 3 (マッハ数 M_3, 全温度 T_{t3}) と断面 4 (マッハ数 M_4, 全温度 T_{t4}) の間で，気流に燃焼により熱が与えられるものとする．

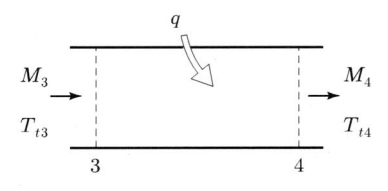

図 8.7 レイリー流れのモデル

断面 3 と 4 の間で，単位質量当たり加えられる熱量を q とすると，

$$q = c_p(T_{t4} - T_{t3}) \tag{8.24}$$

あるいは，

$$\frac{T_{t4}}{T_{t3}} = 1 + \frac{q}{c_p T_{t3}} \tag{8.25}$$

となる．上式の T_{t4}/T_{t3} はレイリー流れの解析により，マッハ数 M_3 と M_4 の関数として次のように表される．

162   8. 将来型エンジン

$$\frac{T_{t4}}{T_{t3}} = \left(\frac{M_4}{M_3}\right)^2 \left(\frac{1+kM_3^2}{1+kM_4^2}\right)^2 \left[\frac{2+(k-1)M_4^2}{2+(k-1)M_3^2}\right] \tag{8.26}$$

上式を図 8.8 に示す．入口マッハ数 $M_3 = 3$ の線上点 a で，$T_{t4}/T_{t3} = 1.4$ になるまで加熱すると，状態は点 a から b に移る．このとき，出口マッハ数 M_4 は 1.5 まで減少する．T_{t4}/T_{t3} を図の点 c の $(T_{t4}/T_{t3})_{cr}$ を超えて加熱しようとしても M_4 の値は求まらない．すなわち，与えられた M_3 と T_{t3} に対してレイリー流れが可能な最大の T_{t4} があり，そのとき $M_4 = 1$ で流れはチョークする．これを加熱によるチョーキングまたはサーマルチョーキング (thermal choking) という．$(T_{t4}/T_{t3})_{cr}$ を超えて加熱した場合，このサーマルチョーキングが起こって燃焼器入口に強い衝撃波が形成され，一部，亜音速燃焼が生じてしまうので，過大な加熱は避けなければならない．

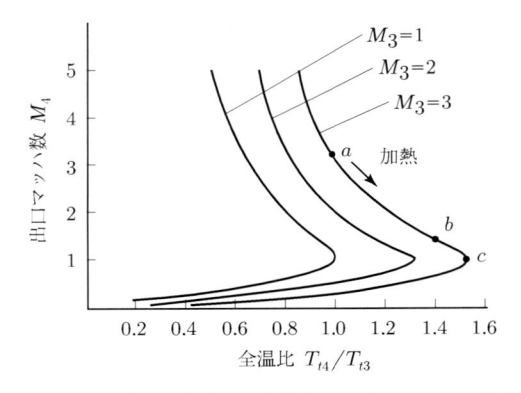

図 8.8 レイリー流れにおける全温度比 T_{t4}/T_{t3} とマッハ数の関係

同様に，レイリー流れの解析から燃焼器前後の全圧比 p_{t4}/p_{t3} は，次のように与えられる．

$$\frac{p_{t4}}{p_{t3}} = \frac{1+kM_3^2}{1+kM_4^2}\left[\frac{2+(k-1)M_4^2}{2+(k-1)M_3^2}\right]^{\frac{k}{k-1}} \tag{8.27}$$

M_3, M_4 をパラメータとして p_{t4}/p_{t3} を描くと図 8.9 のようになる．超音速中で加熱すると，図 8.8 に示すように点 b での出口マッハ数は減少する．対応する点 a と点 b を図 8.9 に描くと，全圧比も図示のように 0.33 に減少してしまう．以上のように，超音速中で燃焼を行うと出口マッハ数は 1 に向かって減少し，

全圧損失が発生する．このことは，スクラムジェットエンジンにとって憂鬱な現象である．すでに空気取り入れ口で多大な全圧損失が生じているうえに，必要にせまられて行う超音速燃焼によっても全圧損失が発生するからである．このようにスクラムジェットエンジンは，空気力学的によほど洗練されたものでないと成立できない．

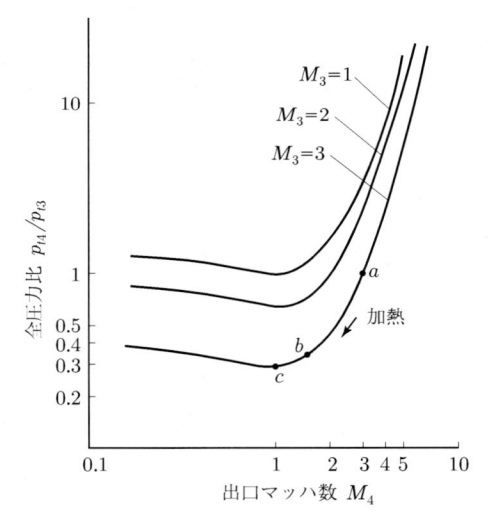

図 8.9 レイリー流れの出口マッハ数と全圧力比 T_{t4}/T_{t3} の関係

（4） スクラムジェットエンジンの性能

スクラムジェットエンジンの性能推定は，前2項で述べた全圧損失のほかに，燃料の混合，化学反応，冷却など，種々の要素の検討無しには有用とはいえない．冷却を考えても，マッハ数10を超えると冷却に要求される燃料流量は，エンジンでの化学量論比を超えてしまうため，エンジンは燃料過剰状態での作動となってしまう．エンジンのみならず，機体の冷却にもエンジン必要量の数十％の燃料が必要であり，単段の宇宙機の場合には，さらに再突入時の冷却も考慮しなければならない．

詳細な性能推定は，本書の範囲を超えるのでこれ以上の議論は行わないが，本書で無視した流体の粘性層の振る舞いを含めて，スクラムジェットエンジン

が実現するためには,さらに次のような課題に取り組まなければならない.

① 壁面加熱と粘性損失を小さくするためには,燃焼器長さは短いほうがよいが,その制限された長さで,水素燃料をうまく混合させることができるか？
② 空気取り入れ口の傾斜部で形成される粘性層の処理.
③ 広範囲な飛行マッハ数に対して,最大の効率を得るために必要な可変形状空気取り入れ口.
④ エンジンのステップやストラットなどの熱流束の高い部分の冷却.

どの一つを取りあげても,その解決には多大の努力を必要とするが,とくに可変機構は複雑となると,直接機体重量に影響が出る.スクラムジェットエンジンはその成立性を含めてまだまだ初期の段階にあると言うべきであろう.

8.3　エアターボラムエンジン

ラムジェットエンジンは,飛行マッハ数ゼロでは作動できない.一方,ターボジェットエンジンは,マッハ数が2～3と上昇するにつれてタービン入口温度の制限で性能が低下してしまう.この両エンジンの欠点を除いて,かつマッハ数4～6の範囲まで高性能を維持するエアターボラムエンジンが考えられた.すなわち,図8.10に示すようにタービン駆動ガスを前方から取り入れた空気を使わずに,独立のガス供給系からのガスを使うもので,図の場合は,燃焼器を冷却してガス化した水素を使用している.駆動ガスは,この図の他にも独立した酸素ターボポンプ,水素ターボポンプから供給される酸素・水素をガス発生器で燃焼させてつくる方法もあり,ガス発生器方式とよんでいる.ガス発生器方式はロケットのように酸素を搭載する必要があり,エアーブリージングエンジンらしくなく,かつ比推力も低いので,本章では図のように,燃焼器および熱交換器でガス化した水素を使うエキスパンダサイクルについて説明する.

このエアターボエンジンは,興味ある特徴を有している.まず,圧縮機はターボジェットのようにタービン駆動ガスの圧力を上げる必要がないため,単段または2段ですみ,これで十分ターボジェット並のノズル圧力比が得られる.液体水素はポンプで容易に高圧にできるので,タービンはターボジェットより

8.3 エアターボラムエンジン **165**

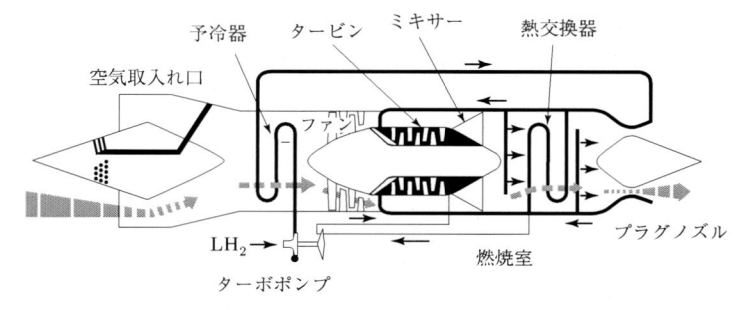

図 8.10 後置タービン型 ATREX エンジンフロー図[1]

高圧で作動し，出力も少なくてよいから小型軽量にできる．タービン入口温度は水素の熱交換器で決まるから，ターボジェットのように飛行マッハ数を制限することはない．飛行マッハ数を制限するのは圧縮機(段数が少ないので以後ファンと言う)であるが，流入するものは燃焼ガスではなく純粋の空気のみであるので，飛行マッハ数の上限はターボジェットに比べて高い．

このように，良いことばかり並べると，ではなぜこのエンジンがジェット旅客機などの主要なエンジンになれないのかという疑問が生じる．おもな理由は，使用する液体水素にある．液体水素は単位質量当たりの発熱量が大きく，エンジン比推力も大きいが，比重が小さく(およそ炭化水素燃料の1/10)，燃料タンク容積が過大となるためである．したがって，宇宙用の特殊な用途として注目されてはいるが，旅客機用エンジンとして開発されることはなかったのである．

（1） エアターボラムエンジンの性能

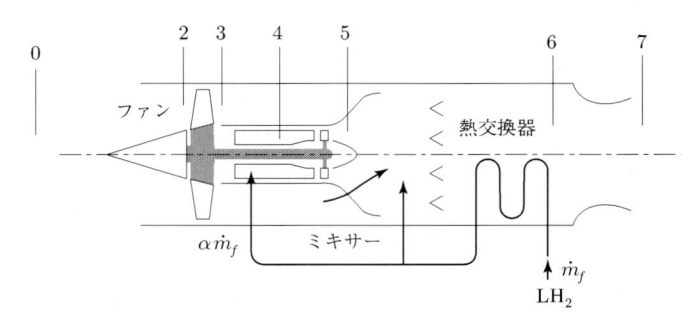

図 8.11 エアターボラムの模式図

理想化されたエアターボラムエンジンの性能を，簡単な一次元の計算で検討する．添字は図 8.11 の位置を表すものとする．エアターボラムエンジンの推力は，ラムジェットエンジンと同様に質量流量とノズル噴出速度より，

$$F = \dot{m}_a u_0 \left(\frac{u_7}{u_0} - 1 \right) \tag{8.28}$$

と与えられる．ここでもノズル出口圧力は，周囲大気圧に等しい理想ノズルを仮定している．$\dot{m}_a$ は空気流量である．両辺を $\dot{m}_a a_0$ で割って無次元推力を求めると，

$$\frac{F}{\dot{m}_a a_0} = M_0 \left(\frac{M_7}{M_0} \sqrt{\frac{T_7}{T_0}} - 1 \right) = M_7 \sqrt{\frac{T_7}{T_0}} - M_0 \tag{8.29}$$

となる．上式の M_7 および T_7/T_0 を各ポイントの圧力比および温度比の関数として求める．ノズル出口の全圧と静圧の比は，次のように表される．

$$\frac{p_{t7}}{p_7} = \left(1 + \frac{k-1}{2} M_7^2 \right)^{\frac{k}{k-1}} = \frac{p_{t0}}{p_0} \frac{p_{t2}}{p_{t0}} \frac{p_{t3}}{p_{t2}} \frac{p_{t6}}{p_{t5}} \frac{p_0}{p_7}$$
$$= \delta_0 \pi_d \pi_f \pi_b \frac{p_0}{p_7} \tag{8.30}$$

ここで，δ_0 は入口全圧の大気圧に対する比，π_d はディフューザ全圧比，π_f はファン全圧比，π_b は燃焼器全圧比である．ファンから燃焼器までと，燃焼器からノズル出口までは全圧損失はないものとしている．同様に，ノズル出口の全温と静温の比は，次のように表される．

$$\frac{T_{t7}}{T_7} = \left(1 + \frac{k-1}{2} M_7^2 \right) = \theta_b \frac{T_0}{T_7} \tag{8.31}$$

ここで，θ_b は燃焼器全温の大気静温に対する比である．当然 $T_{t6} = T_{t7}$ である．理想的に膨張するノズルについては $p_0 = p_7$ であるから，

$$M_7^2 = \frac{2}{k-1} \left[\left(\delta_0 \pi_d \pi_f \pi_b \frac{p_0}{p_7} \right)^{\frac{k-1}{k}} - 1 \right] = \frac{2}{k-1} \left[(\delta_0 \pi_d \pi_f \pi_b)^{\frac{k-1}{k}} - 1 \right] \tag{8.32}$$

となり，(8.31) 式より，

$$\frac{T_7}{T_0} = \frac{\theta_b}{\left(1 + \left[\frac{k-1}{2} \right] M_7^2 \right)} = \frac{\theta_b}{(\delta_0 \pi_d \pi_f \pi_b)^{\frac{k-1}{k}}} = \frac{\theta_b}{\theta_0 \tau_f} \tag{8.33}$$

となる．ここで，θ_0 は入口全温の大気静温に対する比，τ_f はファンの前後における全温比である．式 (8.29) に式 (8.32), (8.33) を代入すると，無次元推力は次のようになる．

$$\frac{F}{\dot{m}_a a_0} = M_7 \sqrt{\frac{T_7}{T_0}} - M_0 = \sqrt{\frac{2}{k-1} \frac{(\theta_0 \tau_f - 1)\theta_b}{\theta_0 \tau_f}} - M_0 \tag{8.34}$$

比推力は，

$$I = \frac{F}{\dot{m}_f g} = \frac{F/\dot{m}_a a_0}{\dot{m}_f g/\dot{m}_a a_0}$$

これより，無次元比推力は，

$$\frac{I}{a_0/g} = \frac{F/\dot{m}_a a_0}{\dot{m}_f/\dot{m}_a} \tag{8.35}$$

と求められる．上式に式 (8.34) を代入して，

$$\frac{I}{a_0/g} = \frac{1}{f}\left[\sqrt{\frac{2}{k-1}\frac{(\theta_0\tau_f - 1)\theta_b}{\theta_0\tau_f}} - M_0\right] \tag{8.36}$$

と表される．ここで，f は燃空比である．これらの式で，推力や比推力を計算するには，燃焼器出口での温度上昇 θ_b，ファン温度上昇 τ_f および燃空比 f を決めなければならない．

式 (8.36) より，エアターボラムジェットの比推力を上げるには，ファン圧力比 π_f を上げるのが効果的である．ファンはタービンにより駆動されるので，ファン圧力比はタービン出力の関数となる．ここで，ファンおよび液体水素を昇圧するポンプの必要動力と，タービン発生動力の間で動力のつりあいを求めると，次式のようになる．

$$\dot{m}_f \frac{\Delta p_p}{\rho_f} + \dot{m}_a c_{pa}(T_{t3} - T_{t0}) = \dot{m}_f c_{pf}(T_{t4} - T_{t5}) \tag{8.37}$$

ここで，Δp_p はポンプ獲得圧力，ρ_f は液体水素密度，c_{pa} は空気の比熱，c_{pf} は水素ガスの比熱である．左辺第1項は液体水素ポンプを機械駆動するために必要な動力，第2項はファン駆動に必要な動力である．右辺はタービンの発生出力である．簡単のため効率等は考慮していない．液体水素ポンプ駆動動力は，ファン駆動動力に比べ1%のオーダーであり，省略すると上式は簡単化されて，

$$\dot{m}_a c_{pa}(T_{t3} - T_{t0}) = \dot{m}_f c_{pf}(T_{t4} - T_{t5}) \tag{8.38}$$

168 8. 将来型エンジン

となる．エアターボラムエンジンの検討を行ってみると，タービン入口温度，圧力比とも容易に高く取れるため，タービンには燃料の水素を全量流す必要がないことがわかる．そこで，式 (8.38) の $\dot{m}_f$ にバイパス比 α を掛けて，上式を書き直す．

$$\dot{m}_a c_{pa}(T_{t3} - T_{t0}) = \alpha \dot{m}_f c_{pf}(T_{t4} - T_{t5}) \tag{8.39}$$

ここで，α は，

$$\alpha = \frac{\text{タービン流量}}{\text{全体流量}} = \frac{\dot{m}_{ft}}{\dot{m}_f} \tag{8.40}$$

である．式 (8.39) を変形して，

$$\tau_f - 1 = \frac{\alpha \dot{m}_f}{\dot{m}_a}\left[\frac{c_{pf}}{c_{pa}}\left(\frac{T_{t4}}{T_{t0}} - \frac{T_{t5}}{T_{t0}}\right)\right] = \frac{\alpha \dot{m}_f}{\dot{m}_a}\left[\frac{c_{pf}}{c_{pa}}\left(\frac{\theta_t}{\theta_0} - \tau_f\right)\right]$$

となる．ここで θ_t はタービン入口全温の大気静温に対する比である．これをファン全温比 τ_f について解くと，次式のようになる．

$$\tau_f = \frac{1 + \frac{\alpha \dot{m}_f}{\dot{m}_a}\frac{c_{pf}}{c_{pa}}\frac{\theta_t}{\theta_0}}{1 + \frac{\alpha \dot{m}_f}{\dot{m}_a}\frac{c_{pf}}{c_{pa}}} \tag{8.41}$$

θ_t は設計パラメータであるから，この式で τ_f が計算できれば，式 (8.34) より推力が計算できる．水素エキスパンダ方式では，化学エネルギーは燃焼器でのみ開放されるから，燃空比 f は，燃焼器における熱バランスのつりあいから，次のように求められる．

$$\dot{m}_a c_{pa}(T_{t6} - T_{t0}) = \dot{m}_f h_{H_2}$$
$$f = \frac{\dot{m}_f}{\dot{m}_a} = (\theta_b - \theta_0)\frac{c_{pa} T_0}{h_{H_2}} \tag{8.42}$$

ここで，h_{H_2} は水素の低発熱量である．上式から θ_b を決めると，f を求めることができる．

以上の議論より，燃焼器における温度上昇 θ_b が水素流量を設定し，バイパス比 α を仮定すれば，ファン温度比 (圧力比) が決定でき，それらから推力，比推力を求めることができる．

図 8.12 に，このようにして求めたエアターボラムの性能 (比推力) の例を示す．曲線 a は，式 (8.41)，(8.42) で求めた τ_f，f を使用した例である．曲線 b は，$\tau_f = 1.16$，$f = 0.0254$ に固定した場合，曲線 c は，$\tau_f = 1.16$，$f = 0.0292$

に固定した場合である．$\tau_f = 1.16$ は単段ファンの現用技術での最高圧力比 1.7 に相当する．$f = 0.0292$ は燃空比である．計算の詳細は例題 8.3 に示す．燃空費 f が増すに従って性能が低下することが理解できる．実際に計画されているエアターボラムエンジンは，冷却用の水素を多量に流すため，性能は曲線 c よりさらに下がり，マッハ数 3 で 2800 秒ほどである．

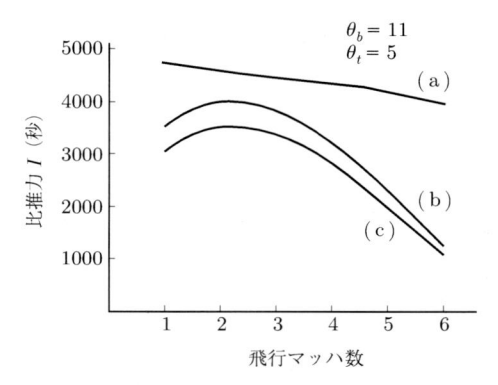

図 8.12 エアターボラムジェットエンジンの性能

8.4 エアブリージングエンジンの組合せ

エアブリージングエンジンを組み合せて，単段で地球低軌道 (高度約 200 km) に到達する手段の検討を，ここでは図 8.1 および前項までの議論を参考に，定性的に述べてみたい．

ターボジェットエンジンは，マッハ数 2 以上ではタービン入口温度の制限で実質的に機能しなくなる．マッハ数 1 から 6 程度までカバーするには，図のラムジェットエンジンかエアターボラムジェットエンジンということになる．しかし，純粋のラムジェットエンジンは，マッハ数 0 では推力を発生しないので，このマッハ数範囲で単一のエンジンを選ぶとすると，エアターボラムジェットが最適な選択となる．マッハ数 6 以上では，スクラムジェットエンジン以外のエアブリージングエンジンは存在しない．さらに高いマッハ数になった場合には，空気吸い込みをあきらめて，ロケットエンジンに切り替えることになる．ロケットの性能は，液体酸素-液体水素エンジンの性能で代表させている．こ

のときの比推力は約 500 秒であり，性能は飛行マッハ数に影響されない．

この図には表現しなかったが，低マッハ数ではターボジェットエンジンとして作動し，マッハ数 2〜4 では流入空気をターボジェットのコア部分をバイパスさせてラムジェットエンジンとして作動させるターボラムジェットエンジンがある．性能は低マッハ数ではターボジェットエンジン並であり，それ以上のマッハ数ではラムジェットエンジン程度である．本章の冒頭に紹介した SR–71 戦略偵察機は，このターボラムエンジンを使用している．ターボラムエンジンの性能は，ほぼエアターボラムジェットエンジンと同等であるが，実態はジェットエンジンであるため，構造が複雑で推力/重量比はエアターボラムに比べて少し悪くなる．

このようなエアブリージングエンジンとロケットの組合せの得失を検討した例がある．図 8.13 および図 8.14 に結果のみを示すが，図 8.13 はエンジン組合せとモード切り替えの例であり，図 8.14 は推進剤質量比 (小さいほうがペイロードを多く載せることができる) をパラメータとした性能の比較である．図 8.1 における各マッハ数において，最良の比推力を持つエンジンを選択した．エアターボラム＋スクラム＋ロケットの組合せが最高の性能を示している．この検討は，各エンジンの性能を図 8.1 の値より高くとっているので，多少，理想的な結果となっているが，いずれにしてもこのようなエアブリージングエンジンと組み合わせて地球低軌道に到達する可能性を示していると考える．著者は，実現に多大の困難が予想されるスクラムジェットエンジンを使用するより，エ

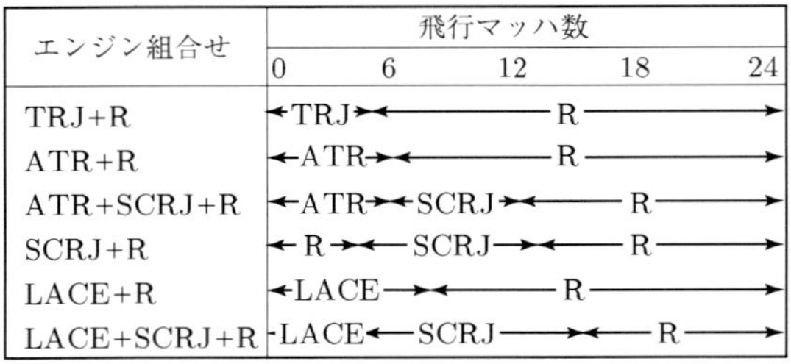

エンジン組合せ	飛行マッハ数 0 / 6 / 12 / 18 / 24
TRJ+R	←TRJ→←――――R――――→
ATR+R	←ATR→←――――R――――→
ATR+SCRJ+R	←ATR→←SCRJ→←――R――→
SCRJ+R	←R→←SCRJ→←――R――→
LACE+R	←LACE→←――――R――――→
LACE+SCRJ+R	←LACE←SCRJ――→←―R―→

TRJ：ターボラムジェット，R：ロケット，
ATR：エアターボラムジェット，LACE：空気液化ロケット
SCRJ：スクラムジェット

図 **8.13** エンジン組合せとモード切替の例[2]

8.4 エアブリージングエンジンの組合せ　171

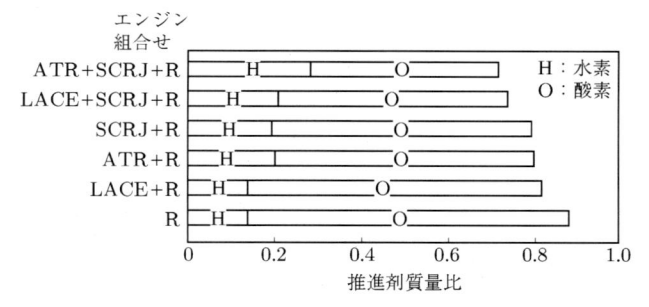

図 8.14 多重モード推進系の性能比較[2]

アターボラムエンジン＋ロケットの組合せに魅力を感じる．

例題 8.1 高度 30000 m において，化学量論比で燃焼している水素ラムジェットエンジンの比推力 I を，飛行マッハ数の関数として表せ．ただし，燃焼器出口温度 $\theta_b = T_{t3}/T_0 = 11.0$ に制限するものとする (燃焼器出口温度を約 2500 K にしていることになる)．

条件：空気の $c_p = 1.468$ kJ/kgK

　　　水素の燃焼熱： $h = 128165.0$ kJ/kg

　　　高度 30000 m における温度： $T_0 = 226.5$ K

　　　空気のガス定数： $R = 287.0$ J/kgK

解 まず，飛行マッハ数 M_0 による $\theta_0 = T_{t0}/T_0$ および $\tau_b = \theta_b/\theta_0$ の変化を求める．

$M_0 =$	1	2	3	4	5	6
$\theta_0 =$	1.2	1.8	2.8	4.2	6	8.2
$\tau_b =$	9.16	6.11	3.92	2.61	1.83	1.34

比推力 I は式 (8.15) および式 (8.16) より，

$$I = a_0 M_0 (\sqrt{\tau_b} - 1)/fg$$

である．水素と空気が燃焼するときの化学量論比は，$f = 0.0292$ であるから，これより，I を求めると，

$M_0 =$	1	2	3	4	5	6
$I =$	2135.1	3101.4	3097.2	2594.1	1858.4	913.8s

以上の結果を図 8.4 に示す．

例題 8.2 スクラムジェットエンジン燃焼器入口マッハ数 $M_3 = 3$ の流れのなかで, 出口全温 T_{t4} を 30% 増すだけの燃料を噴射するときの, 出口マッハ数 M_4 および全圧比 p_{t4}/p_{t3} を求めよ. ただし, $k = 1.40$ とする.

解 $T_{t4}/T_{t3} = 1.3$ であるから, 式 (8.26) に代入し,

$$1.3 = \left(\frac{M_4}{3}\right)^2 \left(\frac{1 + 1.40 \times 3^2}{1 + 1.40 M_4^2}\right)^2 \left[\frac{2 + (1.40 - 1)M_4^2}{2 + (1.40 - 1) \times 3^2}\right]$$

これより, 逐次近似法により M_4 を求めると, $M_4 = 1.74$ となる. また, 式 (8.27) に上記マッハ数を代入すると,

$$\frac{p_{t4}}{p_{t3}} = \frac{1 + 1.40 \times 3^2}{1 + 1.40 \times 1.74^2} \left[\frac{2 + (1.40 - 1) \times 1.74^2}{2 + (1.40 - 1) \times 3^2}\right]^{\frac{1.40}{1.40 - 1}} = 0.37$$

を得る. この値は, 通常のターボジェットエンジンの燃焼器での全圧損失が無視できるほどの値に対し, ずっと大きいことに注意していただきたい.

例題 8.3 高度 30000 m を飛行しているエアターボラムジェットエンジンの比推力 I を, 飛行マッハ数の関数として表せ. ただし, 燃焼器温度比 $\theta_b = 11.0$, タービン温度比 $\theta_t = 5.0$, 燃料のバイパス比 $\alpha = 0.5$ とする.

条件：空気の $c_p = 1.004$ kJ/kgK (低温), 1.468 kJ/kgK (高温)

水素の低発熱量：$h_{H2} = 128165.0$ kJ/kg, 水素の $c_p = 14.2$ kJ/kgK

高度 30000 m における温度：$T_0 = 226.5$ K, 音速：$a_0 = 301.5$ m/s

解 飛行マッハ数と θ_0 の関係は, 例題 8.1 と同じである. 式 (8.41) より τ_f を, 式 (8.42) より燃空比 f を求めると, 以下のようになる.

マッハ数	$M_0 =$	1	2	3	4	5	6
入口全温	$\theta_0 =$	1.2	1.8	2.8	4.2	6.0	8.2
燃空比	$f =$	0.0254	0.0238	0.02127	0.0176	0.0129	0.00726
温度比	$\tau_f =$	1.482	1.256	1.102	1.021	0.985	0.980

式 (8.36) より比推力 I を求める.

マッハ数	$M_0 =$	1	2	3	4	5	6
比推力	$I =$	4728.5	4562.4	4480.4	4349.8	4175.2	3980.7 s

この結果を図 8.12 の曲線 a に表す. この場合, マッハ数が上昇するとともに燃空費がどんどん小さくなっていき, 現実的ではない.

そこで $f = 0.0254$, $\tau_f = 1.16$ に固定すると,

マッハ数 $M_0 =$	1	2	3	4	5	6
燃空比 $f =$	0.0254	0.0254	0.0254	0.0254	0.0254	0.0254
温度比 $\tau_f =$	1.16	1.16	1.16	1.16	1.16	1.16
比推力 $I =$	3555.6	4061.7	3839.3	3163.0	2256.2	1230.0 s

以上を図 8.12 の曲線 b に表す．τ_f 一定のコントロールは，式 (8.41) でバイパス比 α を制御することにより可能である．燃空比 f 一定の仮定は，f が低過ぎると希薄限界を超え燃焼できないことと，この種のエンジンがほとんど化学量論比付近で燃焼していることを考えれば，妥当な仮定といえる．

$f = 0.0292$, $\tau_f = 1.16$ に固定すると，

マッハ数 $M_0 =$	1	2	3	4	5	6
燃空比 $f =$	0.0292	0.0292	0.0292	0.0292	0.0292	0.0292
温度比 $\tau_f =$	1.16	1.16	1.16	1.16	1.16	1.16
比推力 $I =$	3092.9	3533.1	3339.7	2751.4	1962.6	1069.9 s

以上を図 8.12 の曲線 c に表す．

参考文献

[1] 佐藤哲也, 棚次亘弘, 成尾芳博他, ATREX エンジンの開発研究状況, 宇宙輸送シンポジウム, 平成 12 年度, p.144, 図 1, 宇宙科学研究所, 2001 年
[2] 若松義男, 升谷五郎, 新野正之, 山中国雍, 福田斉, 単段宇宙往還機の推進システム, ターボ機械第 15 巻第 12 号, p.750, 図 3, 図 4, 1987 年

■ 付録

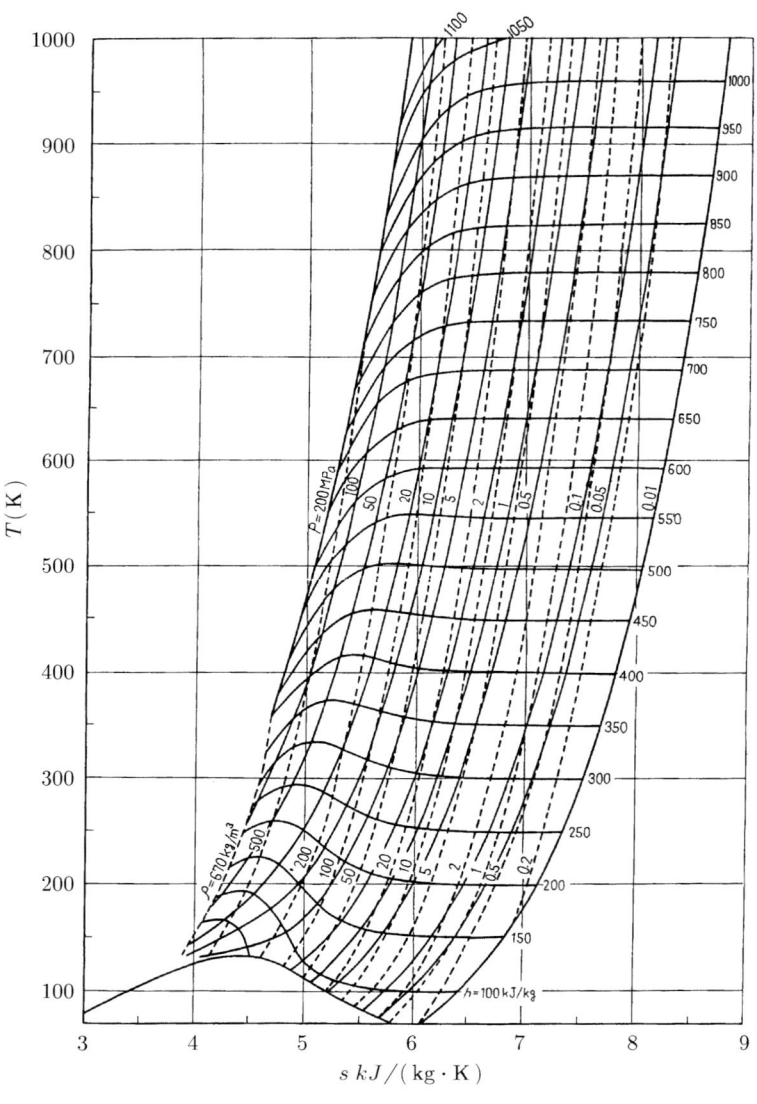

付図 空気 (Air) の温度−エントロピ線図 (T–s 線図)

(日本機械学会提供)

索　引

あ　行

アウトレット・ガイドベーン　148
亜音速ディフューザ　153
亜音速流れ　20
亜音速翼列　85
アクチブ・クリアランス制御　150
アクチブ・チップ・クリアランス制御　148
圧縮機　7, 31
圧縮機効率　32
圧縮機仕事　34
圧縮機等エントロピー効率　32
圧縮効率　32
圧力回復係数　159
圧力比　45, 46
圧力複式多段タービン　98
アフターバーナー　120
アンセルム・フランツ (Anselm Franz)　5
一方向凝固合金　139
インペラ (ローター)　90
インレットガイドベーン　145
ウェーク　119
渦なし流れ　78
運転曲線　131
運動エネルギー効率　73, 159, 160
運動量厚さ　87
運動量保存則　74
エアーブリージングエンジン　10
エアターボラム　164
エアターボラムジェット (Air-Turbo Ramjet ATR)　151
エアバス A300　136
エアブリージングエンジン　169
エキスパンダサイクル　164
エネルギー方程式 (equation of energy)　17
遠心圧縮機　90
エンジン圧力比　139

遠心型　74
遠心式の圧縮機　7
エンタルピー (enthalpy)　14
エントロピー　25
円板摩擦　92
オイラーのタービン方程式　75
オイラーの方程式　74
音圧レベル SPL (Sound Pressure Level)　141
音速　19

か　行

外部圧縮型　71
火炎面　117
化学量論比　157
拡散係数 (diffusion factor, D)　86
ガスジェネレータ (gas generator)　8
ガスタービン　8
ガス発生機　8
型式承認　142
過濃限界　116
カルノーサイクル　154
完全ガス　12, 16, 34
機械駆動式遠心過給機　93
機械効率　67
機械効率 η_m　53
希薄限界　116
吸音材　141
境界層理論　90
空気吸い込み式 (air breathing)　151
空気取り入れ口 (インテーク)　70
空燃比　38
グロースタ・ミーテア戦闘機　4
グロスター E28/39　3
高亜音速領域　151
高圧タービン (HT)　8
航続距離　140
剛体回転 (solid rotation) 型　84

剛体回転型　84
高バイパスターボファン　58, 136
混合領域　117

さ 行

サージ領域　125, 127
サージング　125, 128
サーマルチョーキング (thermal choking)　162
最高最低温度比　46
再循環ゾーン　117
再生方式　9
再燃焼器 (アフターバーナー)　117
先細ノズル　61
軸流圧縮機　7, 73
軸流型　74
軸流タービン　97
実効感覚騒音レベル (Effective Perceived Noise Level: EPNL)　141
自由渦　104
自由渦 (free vortex)　78
修正圧力　134
修正温度　134
修正回転数　133
修正軸出力　134
修正質量流量　133
修正スラスト　134
修正燃料消費率　134
修正燃料流量　134
修正流量　131
周辺効率　110
縮小拡大管 (ラバールノズル)　23
縮小管　21
循環一定　77, 78
衝撃波　23
衝撃波 (垂直衝撃波)　70
状態方程式　16
衝動タービン　96, 111
衝突流入　94
正味スラスト (net thrust)　56
推重比　140
推進効率　58
推進剤質量比　170
推進仕事　57
水素エキスパンダ方式　168
垂直衝撃波　71

推力　55
推力重量比　140
スクラムジェット　158
ストール防止　144
スロート (throat)　22
静温 (static temperature)　18
静止推力 (static thrust)　57
ゼネラル・エレクトリック (GE)　148
セミワイドボディ　137
全圧 (総圧 total pressure)　19
全圧損失　72
全温 (総温 total temperature)　18
旋回失速　127
全効率 η_0 (overall efficiency)　59
全熱エネルギー (エンタルピー)　14
騒音レベル　141
総推力 (gross thrust)　57
速度エンタルピーヘッド　18
速度三角形　77, 78
速度複式多段タービン　98
速度ヘッド　18
損失係数　86

た 行

タービン　7, 34
タービン入口温度　139
タービン効率　35
タービン等エントロピー効率　35
タービンの発生仕事　37
ターボジェットエンジン　6, 8
ターボシャフトエンジン　9
ターボファン　66
ターボプロップエンジン　8
第一世代ターボファン　138
第一世代旅客機　138
第五世代旅客機　138
第三世代ターボファン　138
第三世代旅客機　138
第二世代ターボファン　138
第二世代旅客機　138
第四世代ターボファン　138
第四世代旅客機　138
ダグラス DC-10　136
ダグラス DC-8　136
多段タービン　98
ダブルアニュラー燃焼器　150

単結晶合金　139
単段タービン　98
断熱効率　96
断熱流れ　18
断熱変化　16
地球低軌道　170
地上標準大気状態　134
中立安定　129
超音速空気取り入れ口　159
超音速流れ　20
超音速燃焼　163
超音速燃焼ラムジェット (Supersonic Combustion RAMjet SCRAM)　151
超音速翼列　88
チョーク状態　22
チョーク領域　125, 127
貯気槽　18
低圧タービン (LT)　8
低バイパスターボファンエンジン　136
低発熱量　38, 114, 168
ディフューザ　91
等エントロピー効率　66
等エントロピー流れ　20, 26
等エントロピー変化　27
等温変化　16
動翼　93
動翼の速度係数　110
当量比　116
トータルツースタチック (total to static) 効率　36
トータルツートータル (total to total) 効率　36
特性曲線　125

な　行

内部エネルギー　14
斜めの衝撃波　71
二次元翼列風洞 (cascade tunnel)　85
二次流れ　89
熱降下　102
熱交換器　9
熱効率　59
熱効率 η_{th} (thermal efficiency)　52
熱チョーク　158
熱の仕事当量　14
燃空比　38, 115, 167

燃焼器　7, 37, 113
燃焼効率　38
燃焼効率 η_b　51
燃焼生成物　157
燃焼負荷率　116
粘性　19
粘性層　163
燃料過剰状態　163
燃料消費率　139
燃料消費率 $tsfc$ (thrust specific fuel consumption)　59
燃料消費率 sfc (specific fuel consumption)　52
ノズル　7, 39, 93
ノズルガイドベーン　144
ノズル効率　40
ノズル速度係数　41, 110
ノズルの速度係数　100

は　行

パートスパン・シュラウド　143
排気残留エネルギー　58
バイパス比　66, 168
バイパス流量　66
ハインケル He178　3
パワー・ジェット社 (PJ 社)　1
半完全ガス　12
半径平衡流れ　76
半径流タービン　97
ハンス・フォン・オハイン (Hans von Ohain)　3
反動タービン　97, 111
反動度　78, 96
比推力　151
比熱　15
比熱比　15
ひねり　77, 79
ひねり係数　78, 79
非粘性ガス　20
非粘性流れ　20
ファーツリー　146
ファノ (Fanno) 方程式　21
プラット・アンド・ホイットニー (P&W)　142
フランク・ホイットル (Frank Whittle)　1
フリータービン (free turbine)　9

フリータービン形式　8
フルアニュラー燃焼器　146
フルード数　132
ブレイトンサイクル　44
ブレイトンサイクル (Brayton cycle)　44
フレームホルダ　119
ブロッケージ　119
フロントファン　143
分離部 (isolator)　158
平板翼　80
ペクレー数　132
ベルヌーイ (Bernoulli)　16
ベルヌーイの式　86
偏向角　112
保炎器 (フレームホルダー)　117
ボーイング B707　136
ボーイング B727　136
ボーイング B747　136
ボーイング B747-400　137
ポテンシャル流れ　104

ま　行

摩擦損失　19
マッハ数　19, 132
マン・キロメータ　137
無次元比出力　46
無冷却タービン　37
メッサーシュミット Me262　3
漏れ損失　109

や　行

有効噴流速度 (effective jet velocity)　57
ユンカース・ユモ 004B-1　5

ら　行

ラム抗力 (ram drag)　57
ラムジェット　153
ラムジェットエンジン　10, 151

理想気体 (ideal gas)　16
臨界圧力　22
レイノズル数　132
レイリー流れ (Rayleigh flow)　161
ロールスロイス (Rolls-Royce) 社　144
ロケット用タービン　103
ロッキード L1011　136
ロング・ダクト (混合排気)　143

わ　行

ワイドコードブレード　144
ワイドボディ機　136

[英数先頭]

B737　136
B777　137
CAA (英国民間航空局)　144
CF6　136, 137
CFM56　137
E^3 エンジン (Energy Efficient Engine)　149
FAA (米国連邦航空局)　142
FADEC (full authority digital electronic control)　148
GE90　137, 148
HeS3B 型エンジン　3
IAE (International Aero Engines)　146
JT3C　136
JT4A　136
JT8D　136, 142
JT9D　136
PW4000　137
PW4084　137
RB211　136, 137, 144
RR トレント　137
V2500　137, 146
W.1 型エンジン　1
W.U (Whittle Unit)　1

監修者略歴

中村　佳朗（なかむら・よしあき）

- 1978 年　名古屋大学大学院工学研究科博士課程後期課程修了
  工学博士
- 1981 年　NASA エームス研究所 NRC 研究員
- 1986 年　名古屋大学工学部助教授
- 1991 年　名古屋大学工学部教授
- 1997 年　名古屋大学大学院工学研究科教授
- 2014 年　中部大学工学部教授
  現在に至る

著者略歴

鈴木　弘一（すずき・こういち）

- 1968 年　名古屋大学大学院工学研究科修士課程修了
- 1968 年　石川島播磨重工業株式会社　入社
- 1999 年　第一工業大学工学部航空工学科教授
- 2007 年　第一工業大学工学部航空宇宙工学科教授
- 2014 年　第一工業大学退職
  現在に至る

ジェットエンジン　　　　　　　　　　　　©中村佳朗・鈴木弘一　*2004*

2004 年 10 月 15 日　第 1 版第 1 刷発行　　【本書の無断転載を禁ず】
2023 年 8 月 31 日　第 1 版第 6 刷発行

監修者　中村佳朗
著　者　鈴木弘一
発行者　森北博巳
発行所　森北出版株式会社
　　　　東京都千代田区富士見 1-4-11（〒102-0071）
　　　　電話 03-3265-8341／FAX 03-3264-8709
　　　　https://www.morikita.co.jp/
　　　　日本書籍出版協会・自然科学書協会　会員
　　　　JCOPY <(一社)出版者著作権管理機構　委託出版物>

落丁・乱丁本はお取替えいたします　　　　　印刷・製本／ワコー

Printed in Japan／ISBN978-4-627-69051-6